New BEAUTY MANAGEMENT

뉴 미용경영관리

임은진 · 이상욱 · 권오혁 · 지정훈 · 김윤정 · 안경민

Gadam PLUS BOOK & DESIGN

머리말

뷰티 산업은 2005년 국가경쟁력 강화 산업으로 지정된 후 날로 성장하였으며 특히 그 시장성으로 2000년대 들어서면서 꾸준히 노력했음에도 불구하고 20여년이 흐르는 동안 그 중 뷰티 서비스 산업으로서의 미용 산업은 산업육성을 위한 종합적 비전 제시보다는 나 관련 산업에서의 일부분으로 지원 정책이 이뤄졌습니다. 시장 규모 확대는 주로 영세사업자 진입 등 양적 확대 위주로 진행됨에 따라 몇몇 해외 유명 브랜드의 진입에도 불구하고 그에 비해 경쟁력 강화가 상대적으로 미흡하였다고 평가되고 있습니다.

2020년 들어서면서 뷰티 서비스업은 산업 자체로만 보면 다소 둔화된 양상을 보이고 있으나 고용 지수와 서비스 산업의 빠른 변화에서 다양한 시도를 통해 타 산업과의 융복합이 가능한 비전을 가지고 있다고 생각합니다.

이에 미용시장은 현재 온라인과 오프라인이 균형을 이루는 다양한 마케팅 전략과 고객관리 그리고 전문가를 육성하고 유지하는 인적자원 관리를 통해 거듭날 수 있는 계기가 요구되는 시점입니다. 뷰티 서비스 전문가가 더 이상 직능만으로 사회 변화에 적응하기 어려운 시기이며 이에 누구나 관리자로서의 경영 마인드가 필수 요건임을 인지해야 합니다. 이는 1인샵이든 산업체의 구성원이든 관계없이 누구에게나 필요한 요건이라고 할 수 있습니다.

본 서는 미용 전문가로 거듭나기 위한 미용경영의 개론으로 기초를 다지기 위해 필요한 분야로 구성되었으며 이후 산업에서의 적용을 위한 다양한 체험 활동이 이어지기를 기대하는 바입니다. 본서를 저술하는데 많은 학자들의 자료와 현장의 여러 강사님들의 자료를 참고로 하였으며 인용함에 있어 미리 양해를 구하지 못한 부분이 있더라도 이해해 주시기 바라며, 향후에도 본서의 미흡한 점을 보완하여 좀 더 실천적으로 도움이 되는 미용 산업 경영 활동의 저서들이 출간되기를 희망하는 바입니다. 또한 본 서에 참여하고 도움 주신 많은 분들께 다시 한번 감사의 말씀을 드립니다.

2020년 9월

저자 일동

New 미용경영관리 목차

New 미용경영관리 목차

New

BEAUTY MANAGEMENT

Ⅰ. 미용 경영의 이해

1. 미용 산업의 배경

산업이 발달하고 생활수준이 높아지면서 미(美에) 대한 소비자의 욕구는 더욱 높아지고 다양해졌다. 외모에 대한 관심은 모든 영역으로 이어지고 있으며 이는 토탈 패션으로서 미용이 주요한 요소로 고려됨을 의미한다. "아름다움"을 창조하기 위한 노력으로 헤어스타일, 피부관리 등을 상품으로 하는 미용산업은 유형의 상품이면서도 그 과정이 서비스적인 요소를 담고 있어서 이를 관리하고 운영하는 측면에서 다른 상품과는 다른 접근이 필요한 산업이라고 할 수 있다. 더욱이 여성의 사회진출이 늘어나면서 가족 단위의 여가 시간의 증대를 가져왔으며, 고령화 사회로의 진행 등의 환경의 변화는 미용업계의 발전과 시장 확대를 가져왔다. 그러나 동시에 소비자의 "미"에 대한 치장이나 건강에 대한 욕구도 다양화되어 산업에서도 지속적인 변화가 요구된다.

미용 산업은 인체를 건강하고 아름답게 관리하기 위해 서비스 등을 제공하는 산업[1]으로 헤어미용·피부미용·네일아트·메이크업·두피모발관리 등의 서비스업과 그와 관련된 미용기기·용품 등 제조업 포괄하는 산업이다. 또한 광의의 뷰티산업인 스파를 비롯해 화장품, 성형, 패션·의류 등 주변 산업에 파급효과가 크다고 할 수 있다.

최근 광의의 의미로 전체를 아우르는 뷰티 산업은 웰빙, 감성소비 등 새로운 소비 트렌드에 부합하여 급속히 성장하고 있는 신성장 산업분야로 국내 내수 시장 및 일자리 창출에 기여하면서 동시에 수출산업으로도 육성되고 있다. 특히나 한국을 방문한 해외 관광객들이 미용 서비스를 이용하는 등, 세계 시장에서도 뒤지지 않는 우수한 기술력 및 한류 등에 힘입어

1) 한국보건산업진흥원, 2007

새로운 관광·수출 콘텐츠로서 높은 성장 잠재력 보유을 보유하고 있는 산업이라고 할 수 있다. 그러므로 미용 서비스는 '하드웨어 중심'에서 체험·서비스와 같은 '소프트웨어 중심'으로 관광 패러다임 전환 필요하다고 할 수 있다. 뷰티 관련 기업의 해외 진출 동향을 살펴보면 동남아, 중국 등을 중심으로 진출에 관심도는 증가하고 있으나 그 지원은 다소 미비한 실정이다. 해외 진출 기업은 관련 시장 정보 부재, 초기 시장 개척 어려움 등으로 글로벌 기업으로의 성장이 지연되거나 중도 포기하는 경우가 빈번히 발생하고 있다. 이에 뷰티산업 경쟁력 제고를 위해 산업구조 전반의 선진화, 글로벌화 필요한 시점이다.

Tip. 해외의 미용 산업 육성 정책

- 영국 : 스포츠·레저, 관광, 미디어 등과 함께 경제 파급효과가 큰 14개 직업군의 하나로 분류·육성하고 있는데, HABIA(Hairdressing and Beauty Industy Authority)를 통한 one-stop 지원 시스템 확충하여 서비스 가이드라인 마련, 교육, 컨설팅, 금융 지원 연계, 신기술 개발 등에 주력하고 있다.
- 미국 : 규모화·고도화가 상당히 진전되어 높은 경쟁력 보유하고 있는데 전체 미용실 중 프랜차이즈 비율이 87% 정도로 대부분을 차지하고 있으며 세액공제 및 직업교육시 보조금 지원 등을 추진하고 있다.
- 일본 : 2009년부터 체계적 산업 육성을 위해 기존 정책 지원 시스템 재정비 추진하고 있는데 융자 제도 확충 등 금융 지원책 강화하고 업계 경영 지원책 강구, 환경 변화에 대응한 산업 진흥 지침 개정 등 제도 정비하고 있다.
- 중국 : 중국의 미용 서비스 시장은 '06년 기준 약 26조원(2,200억위앤) 규모에서 3년간 연평균 32%의 고성장 지속한 이후 지속적으로 성장하고 있으며, 이에 뷰티 산업을 부동산, 자동차, 관광, 통신 등과 함께 5대 신흥 산업으로 분류하고 상무성을 중심으로 본격 육성 추진하고 있다.

또한 미용 서비스의 경우 고용 창출 효과가 큰 서비스 산업으로, 이는 대외 의존도가 높은 우리 경제의 내수 기반 확충 및 일자리 창출에 기여하는 바가 크다고 할 수 있다. 이에 내수기반 확충 및 일자리 창출을 촉진하고 뷰티 서비스를 관광·수출 상품으로 육성하고 글로벌 브랜드로의 도약을 위한 지원이 다라야 할 것이다. 외국의 사례를 보더라도 뷰티산업을 성장 가능성과 고용 잠재력이 높은 신성장 산업으로 인식하여 제도 선진화, 전문 인력 양성 등 산업 경쟁력 확충을 위한 지원 강화하고 있다.

뷰티 서비스와 제조업 간의 산업을 연계하여 육성하기 위해서는 고품질 미용 용품·서비스 개발 등을 위한 투자가 확대되어야 한다. 국내 미용 서비스에서 사용되는 제품들은 수입 의존도가 높으며 그 중 특히 피부미용과 네일미용 제품의 해외 수입에 의존도가 높다고 평가되고 있다. 이에 국산 제품의 개발 및 한국적인 것을 브랜드화 할 수 있는 한방 관련 혹은 기술적 강점을 지닌 두피 및 모발, 탈모 관리 등의 신기술 개발을 위한 R&D 투자 지원도 지속되어야 한다.

미용 서비스업은 교육과 재교육이 주요한 용역 서비스이다. 특히나 트랜느에 민감하며 표준화가 어렵기 때문에 지속적인 교육이 필수적이며 장기간의 교육과 훈련으로 완성되는 기술이라고 할 수 있다. 이에 즉각적인 효과가 나타나지 않는다 하더라도 기업과 기술의 지속성을 위하 교육에 대한 투자는 제품에서의 R&D 만큼이나 중요한 요건이라도 할 수 있다. 이에 전문 교육 기관 양성 및 전문 인력에 대한 재교육 프로그램 제공되어야 하며 실용 학문답게 교육기관은 뷰티서비스 기업 등과 연계를 통해 글로벌 경쟁력을 갖춘 전문교육기관을 육성하여 '아시아권 국가의 미용 교육 허브'로써의 위상 정립해 나가야 한다. 일본의 야마노 미용전문학교, 영국의 비달사순 등과 같은 미용 교육기관은 전문 인력 재교육을 수출 상품으로 전략화하고 있으며 K-beauty의 이미지 제고를 위해 한국도 세계적인 미용 교육기관을 양성에 대한 논의가 지속되고 있다.

2. 미용 경영의 필요성

21세기 글로벌 시대를 맞이하여 시장 개방이 가속화됨에 따라 고객들의 욕구는 더욱 고차원적으로 변해가고 있다. 또한 미용에 대한 일반 고객들의 인식도 경제적인 여유와 문화적인 욕구에 의해 미에 대한 관심이 더욱 더 증가하게 되었다. 특히 소비생활의 패턴이 양보다는 질, 더 나아가 기술력은 당연한 것이고 여기에 고품격의 서비스를 더욱 중시하는 성향으로 변하고 있다.

이러한 흐름에 맞추어 미용기업들도 빠르게 변모를 해야 한다. 고객들이 찾지 않는 제품은 무용지물이며, 고객이 없는 샵 또한 폐업하게 되어 있다. 지금은 고객 만족의 시대이다. 여기에는 선택의 기준이 반드시 존재한다. 고객이 선택하는 기준을 보면 기술이 좋다든지, 서비스가 좋다든지, 가격이 저렴하다든지 등 선택하는 기준은 다양하지만, 그 선택 기준에 일치하는 것이 필요하며 그것이 고객의 만족으로 이어져야 한다.

미용기업에서도 고객으로부터 자신의 샵이 선택되는 것에 의해서 고객이 내점하는 것이므로 보다 많은 고객을 유치하기 위해서는 여러 가지 각도에서 선택기준을 설정하여 실행하는 것이 필요하다. 따라서 어떤 효율적인 방법에 의해 고객을 유치하고 성공하는 미용 기업을 만들며 고객을 만족시키기 위해서는 어떠한 방법으로 해야 하는 지를 연구하기 위해 실천학문으로써 미용 경영학을 연구할 필요가 있는 것이다.

Tip. 뷰티샵 경영관리의 변화

경영관리	종전 경영방식	향후 경영방향
경영스타일	기술과 사람 중심 구분가치의 원가절감에 초점	고객에 대한 서비스 질의 향상만이 이익 보장(토탈가치)
직원	기술수준에 맞는 일에만 국한되어 있음	고객에 대해 최고의 서비스를 제공할 수 있는 마인드를 가진 직원 채용 (업무 서비스, 개인 서비스)
경영자 및 관리자	일반관리에 의존	종업원의 활동을 지지, 지원함 스스로 동기부여가 일어나도록 역량을 강화시켜 줌
평가	매출로 평가	고객만족도로 평가함
주체	샵이 주체가 되어 고객을 주도함	고객이 주체가 됨

사회 경제적 여건상 불황과 호황을 반복함에도 불구하고 미용 서비스업은 아름다움과 건강, 웰빙 트렌드와 여성 친화적 사업이면서도 꾸준히 남성 고객의 유입과 노년층의 확대라는 측면에서 여전히 유망업종으로 꼽히고 있다. 특히 우리나라처럼 천연자원 부족한 국가에서 서비스 산업은 다양한 직업과 높은 부가가치를 창출하는 산업이라고 할 수 있다.

미용경영관리의 필요성은 해마다 대두되고 있다. 이는 1인 샵이든 중대형 매장이든 자신의 사업장에 맞는 경영관리가 제각기 다른 형태일 뿐 반드시 그 필요성이 존재한다. 사회의 변화에 따른 소비자의 변화를 알아야 하며 법적, 제도적 변화에 적응하고 종업원 관리에도 필요한 지침을 통해 경영관리가 이뤄져야만 사업체가 존속하고 성공할 수 있는 것이다.

국내에서 몇 년간 지속된 경기침체는 소비자의 소비패턴까지도 바꿔놓았다. 중산층은 실용성을 중시하는 구매 패턴을 지향하여 대중성을 기반으로 하는 대형할인점 등의 소비시장을 확대시켰다. 이와는 반대로 일부 계층은 더욱 고가 제품과 명품을 선호하고 있다. 이는 사회적 위화감 조성과 부정적 행태를 보이고 있지만, 엄연한 소비시장의 형태로 양극화가 첨예하게 진행됨을 의미한다.

미용 시장에서도 저가 시술 및 관리가 유행처럼 번지는 반면, 같은 종류의 관리라도 가격 차이가 현저한 차이를 보이며 저가와 고가 관리로 양극화되었다. 시장은 최저 임금과 같은 고용 관리 분야의 변화로부터 기인된 것도 있지만 제품 단가의 상승과 임대료 등의 다양한 변화에도 불구하고 미용 서비스 요금은 양극화 양상이 뚜렷하게 나타나고 있으며, 이에 1인 샵과 중대형 샵으로의 변화도 더욱 가속화되고 있다. 비단 국내 뿐 아니라 급속도의 경제 성장을 해나가는 중국을 비롯한 아시아 시장에서도 같은 양상이 나타나고 있다.

미용 경영 관리는 단순히 사업체를 운영하는 것뿐만 아니라 사회의 변화를 따라잡는 일도 해당된다고 할 수 있다. 미용산업은 수출·관광자원으로의 높은 잠재력에도 불구, 체계적 개발 및 경쟁력 강화를 위한 법·제도 확충이나 전·후방 지원은 미흡하다는 것이 해결 과제로 남아 있는데 이는 국내 산업은 물론 외국과의 경쟁력 우위에서도 불리한 요인이 되고 있다. 미용 경영 관리에서 법적인 요소들이 충분히 고려되어야 하며 이를 보는 안목이 향후 투자나 창업에 오류를 줄일 수 있을 것이다.

물론 그동안 많은 각계각층의 노력에 의해 미용 서비스 분야의 4개 분야가 독립적으로 국가 자격 제도를 갖추게 되었으며, 의약외품 중 몇몇은 기능성 화장품으로 분류되면서 미용 서비스 영역에서의 사용이 더 활발히 이루어지고 있는 등 법적으로도 규제들이 완화되는 시도가 있었다. 이런 변화들은 어떤 업장에는 호재로 작용할 것이며 혹은 그동안 지난 법률에 따라 운영하던 몇 업장은 빠른 변화에 적응하지 못하고 불이익을 당하기도 했다. 그러므로 미용 경영관리에서 법적 규제와 사회적 흐름을 판단하는 일은 중요한 요소가 되고 있다.

Tip. 스컨필의 경영 법칙(The Rule of Scondfil)

① 고정관념(Stereotype)을 버려라. 과거의 기억이 현재 체험하고자 하는 열정을 식힐 수 있기 때문이다. 현재 국내 미용시장은 예전의 패러다임으로는 경쟁 우위에 설 수 없다. 그러나 아직도 살롱의 경영에서 예전의 것을 답습하며 도태되고 있는 경영을 보존하려는 경영자들이 있다. 이는 바로 두 번째 법칙을 보려는 노력을 무색하게 만든다.

② 변화(Change)를 읽는 것이다. 미용시장은 변신에 변신을 거듭해 왔다. 이렇듯 또 다른 위기에 대응하는 가장 최선의 방책은 변화를 멈춰서는 안 된다는 것이다. 그러면서 또 다른 변화를 읽고 예측해야 한다.

③ 1 ㎜(One Millimeter)만 잡아라. 반 걸음만 앞서가라. 성공하는 것만큼 성공하는 것은 없다. 상대방보다 종이 한 장만 앞서가는 경쟁전략을 추진하는 것이다. 작은 변화가 모여 큰 변화를 이룬다.

④ 비선형(Non-Linear)을 수긍하라. 미래는 과거의 연장선에 있지 않다. 따라서 얼마든지 바꿀 수 있다. 과거에서 미래를 예측하는 어리석음을 저지르지 마라. 당신의 미래는, 당신 과거의 연장선에는 없다. 만약에 과거의 연장선에 있다면 마음대로 미래를 바꿀 수 없을 것 이다. 그렇기 때문에 가거의 실패를 두려워할 필요는 없다. 이는 특히 젊은 경영자들에게 해주고 싶은 말이다.

⑤ 차별화(Difference)를 꿈꿔라. 강력한 차별화 아이디어 한 가지에 초점을 맞추는 포지셔닝(Positioning)하고, 실행 가능한 아이디어로 원조가 되는 바로 그 최초가 되어라. 경쟁자와 다른 장점 하나를 찾아내고 여기에 초점을 맞출수 있는 스스로의 속성을 찾고 경쟁사와 차별화 할 수 있는 전문성을 길러라.

⑥ 유연성(Flexibility)을 가져라. 스마트폰이 세상의 패러다임을 바꾸는 초고속 변화의 시대이다. 더욱이 유연성으로 풍만한 사고라면 세상을 뒤바꿔 놓을 수도 있으며 어려움에 봉착한 국내 미용시장에 새로운 활로를 개척할 수 있다.

⑦ 무형가치(Intangible value)를 창출하라. 21세기는 지식사회다. 지식을 창조하고 활용해 가치를 창출하는 일이 생산 활동의 중심이 되는 것이다. 지난 20세기 산업사회의 중심적 생산요소가 노동, 자본, 토지였다면, 21세기에는 이들 가치가 상대적으로 낮아지고, 지식이 가장 의미 있는 자원으로 등장할 것이다. 미용시장은 서비스 산업에 기반을 두고 있지만 그 속에 내재된 수많은 무형가치를 발굴할 수 있다.

⑧ 현실을 직시하라(Look at the current reality). 무엇보다 자신의 장점을 단점으로 분석하고 단점을 장점으로 승화할 수 있도록 현실을 직시하라.

또한 미용 산업에 영향을 주는 요소로 고객 마케팅의 가장 큰 중요한 변화는 바로 온라인 시장의 활성화를 꼽을 수 있다. 미용 서비스는 재화를 판매하는 산업과는 달리 고객을 직접 상대하는 대인 서비스를 근간으로 하고 있으나, 신규 고객 유치과 기존 고객 유지라는 관점에서 온라인 시장은 매우 중요한 입지를 차지하고 있다. 특히 구전 마케팅이 중요한 미용 서비스의 구전 정도가 오프라인보다 온라인에서의 파급력이 점점 커지고 있기 때문이다. 물론 이것은 소비자 세대의 변화와도 맞물려 있는 것이다. 그 영향이 긍정적이거나 부정적이거나 때로는 사업의 성패를 결정하기도 한다. 온라인에서의 구전은 재화를 판매하는 사업보다 더 큰 영향력을 발휘하기도 한다.

이미 스마트폰은 사회 여러 가지 분야에 있어 패러다임의 큰 변화를 가져오고 있으며 산업은 정보의 홍수 속에 하루만 늦어도 구시대의 유물이 되는 초고속 시대에서 생존해야 하는 체제로 가는 것이다. 이와 같은 시대의 흐름은 미용 소비시장에도 영향을 주어 서비스, 관련 제품, 디자인 등 대부분 분야의 브랜드 주기를 단축시키고 있다. 종사자들은 이런 변화에 적응할 필요가 있으며 기술력으로 승부하는 시대는 이미 지나갔다고 평가된다.

미용 경영관리에서의 주요한 변화 중 또 하나는 종업원 관리에서 최저임금제도와 복리후생 관련 분야이다. 해마다 최저임금이 인상되고 있으며 종업원 고용에서 고용주의 부담이 커지고 있는데, 그에 비해 서비스 요금 인상은 이를 따라잡지 못하고 있다. 이에 고용보다는 1인 창업으로 방향을 전환하는 사업주도 늘고 있는 실정이다. 그러나 중견 이상의 업장들은 반드시 고용이 필요한 상황이며, 고용주들은 최대한 종업원 지원 정책을 통해 고용 창출에 대한 부분을 지원받고 종업원의 질적 향상을 함께 도모하는 과제가 남아있다.

미용 시장과 경영 환경에서 뷰티서비스 매장들이 생존하고 성장하기 위해서는 지금까지 가지고 있는 미용기술 위주의 사고방식이 아니라 시장은 움직이고 변화한다는 전제하에 미용 소비자의 필요와 욕구를 재빨리 파악하고 신속하게 대응하는 경영전략이 필요하다. 미용 시장의 변화의 요소들은 다양하나 아래와 같은 주요 변화를 들 수 있다.

- 미용 기술자 또는 미용 업소 중심의 경영에서 소비자, 즉 고객 중심으로 경영 환경의 변화
- 미용업소의 과다에 따른 경쟁의 심화
- 요금, 기술, 서비스 등을 비교평가 후 구매하는 인터넷 시대의 합리적이고 학습된 소비자의 증가

- 미용 제품과 기술의 수명 주기의 단축
- 내추럴, 개성의 다양화, 세계화, 인터넷에 따른 소비 패턴의 변화
- 미용 시장의 개방과 미용 기술자가 아닌 일반 사업자의 진입
- 프랜차이즈, 계열화, 다점포화, 네트워킹 등의 미용 사업의 전략화
- 남성미용 전문점, 헤어케어 전문점, 헤어칼라 전문점 등 미용의 전문화
- 경쟁업소의 마케팅 능력의 신장
- 고학력, 전문가 집단, 우수 두뇌 인력의 유입으로 인한 미용 인력의 엘리트화

미용 경영관리가 필요한 이유는 이 외에도 많을 것이나 주요한 부분에서의 필요성만을 통해서도 미용 서비스 업장의 효율적인 운영을 위한 경영 마인드는 필수적 요소라고 할 수 있다.

3. 경영학 이론

1) 경영(經營)의 개념(槪念)

(1) 경영의 기본 원칙

① 경영의 정의

인간은 어떠한 목표를 개인적으로 달성할 수 없는 경우에 여러 명이 모여 조직을 구성하여 목표를 달성하려고 한다. 이렇게 구성된 조직에 있어서 정해진 목표를 어떻게 하면 적은 비용으로 빠른 시간 내에 달성할 수 있을 것인가에 대한 관심이 커지면서 경영(management)의 중요성이 강조되기 시작하였다.

넓은 의미에 있어서의 경영에 대한 정의를 내리자면 "조직의 목적을 효율적으로 달성하기 위한 일체의 과정"이라 할 수 있다. 이러한 정의를 기업이라는 특수한 형태의 조직에 적용시켜 보면, 경영은 "인적, 물적 자원을 구입 및 투입하여 제품이나 서비스를 생산하고 이를 판매하는 과정"이라고 정의할 수 있다.

[그림 1-1] 경영과정

② 경영의 기능

경영이란 인적자원, 물적 자원, 재무적 자원, 지식, 기술 등을 효과적이고 효율적으로 변환하여 조직체의 목적을 극대화하는 경제적 활동(과정)이라 말한다. 그러면 이러한 활동(과정)은 세부적으로 다음과 같이 구분할 수 있다.

경영활동의 내용을 세부적으로 살펴보면

첫째, 조직체가 지향해야 할 최종적 목표를 설정하는 활동(비전기능)

둘째, 이 목표를 달성하기 위하여 무엇을 주력 활동으로 무엇을 할 것인가를 결정하는 활동(전략기능)

셋째, 주력 활동으로 의사 결정된 내용을 실제적으로 추진하기 위한 보다 세부적인 활동(관리기능)

넷째, 사전적으로 정해진 절차에 따라서 이루어지는 실행 활동(운영 기능)

■ **비전 기능(vision function)**

새로운 산업분야(블루오션)를 개척하여 기업의 진로를 새롭게 설정하는 등의 활동

■ **전략 기능(strategy function)**

새로운 산업분야가 결정되면 장기적 목표를 달성하기 위하여 어떤 세부 분야에 주력 해야 할지를 결정하는 활동

■ **관리 기능(management function)**

주력부문이 결정되면 이를 실행하기 위한 다양한 세부 프로그램을 설정하는 활동

■ **운영 기능(operation function)**

관리활동이 준비되면 최종적으로 조직체는 기존에 정해진 운영방식과 체계에 따라 자원관리 기능을 중심으로 실행한다.

경영의 기능이 이와 같이 네 가지로 구분되지만 경영기능의 핵심은 역시 관리기능과 운영기능이다. 따라서 이 두 경영기능에 대해서 살펴보기로 하자.

조직체의 목표를 효율적이고 효과적으로 달성하기 위해 요구되는 가장 기본적 기능인 관리기능은 다시 계획(planning), 조직(organizing), 지휘(leading), 통제(controling)라는 네 가지 기능으로 구분되는데 이 기능과 관련하여 유의해야 할 점은 이 네 기능들이 표와 같이 피드백(feedback)될 뿐만 아니라, 시간의 흐름에 따라서 조직목표 달성 측면에서 지속적인 개선이 이루어지는 진화론적 경영기능이어야 한다는 사실이다.

가. 계획(planning)

기업이 당면하고 있는 상황을 분석하여 추구하여야 할 목표를 정하고, 이를 달성하기 위

한 행동들을 미리 결정하는 과정으로 경영관리 과정에 있어서 출발점이고 통제의 기준 설정이기도 하다. 잘 수립된 계획은 경영에 있어 90% 이상의 성공을 가져올 수 있으며, 계획을 수립하기 위해서는 미래를 정확히 예측할 수 있는 예측 능력이 있어야 한다.

나. 조직(organizing)

조직화란 기업이 지향하는 목표와 수립된 계획이 성공적으로 달성될 수 있도록 업무를 세분화하고 조직하여 구성원들이 업무를 체계적으로 수행하도록 하는 것이다. 일에 있어서는 순서와 방법을 정하고, 구성원은 담당과 명령체계 및 협력관계를 정하는 과정이다.

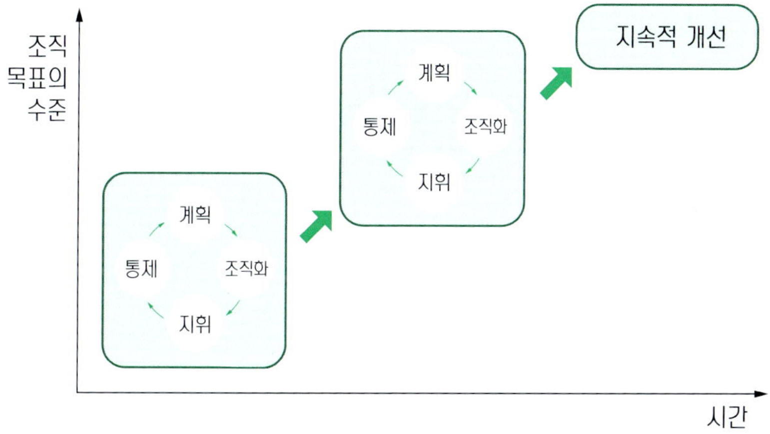

[그림 1-2] 진화론적 관리 능력

다. 지휘(leading)

지휘는 조직 구성원이 핵심적인 과업을 하도록 그들을 지시하고 동기 부여시키는 과정이다. 지휘 기능을 통하여 계획과 조직화 단계에서 구현된 미래를 추구하는 데 동참할 구성원을 설득하려는 시도를 하고, 아울러 적절한 동기부여 설정을 통해서 구성원이 최선을 다하도록 유도한다.

라. 통제(controling)

통제란 제시된 목표를 향해 경영활동이 확실히 진행되는지를 점검하는 기능이다. 이 기능은 행동기준 마련, 최근 행동의 측정, 최근의 행동과 기준과의 비교, 오차가 발생한 경우 등 네 가지 기준에 맞추어 자원이 효율적으로 투입되어 기업이 추구하는 성과를 이루어 냈는지의 평가를 한다.

③ 경영성과의 평가

기업은 다양한 조직체들과 끊임없이 관계하고 있으며, 경영이란 관계되는 조직체를 합리적으로 다루는 경제활동이라고 하였다. 그러면 기업의 이러한 경제활동이 과연 합리적 이었는지를 평가할 필요가 있다. 이를 경영성과 평가(evaluation of management performance)라 한다.

그런데 조직체가 합리적으로 운영되었는지를 판단할 기준은 조직체의 성격 및 시대적 배경에 따라서 여러 가지로 다양하게 등장하고 있다. 예컨대 어떤 조직체는 투입된 자본 대비 이윤이 어느 정도 발생되었는가를 기준으로 경영활동을 평가하고, 어떤 조직체는 산출대비 투입이 적정했는지를 기준으로 평가하기도 한다. 이렇게 경영성과를 평가하는 기준으로 활용되는 주요 개념들을 살펴보기로 한다.

가. 수익성과 생산성

기업이라는 경제주체를 경영하는 과정에서는 투입 시 발생되는 수익이 경영성과 평가에서 매우 중요하다. 왜냐하면 기업이란 궁극적으로는 수익극대화 원칙을 추구하기 때문이다. 그러나 경영의 연구대상이 수익 추구중심의 경제주체에서 일반적인 조직체로 확장 적용됨에 따라서 수익성 기준에 대신한 새로운 평가기준이 대두 되었는데, 그 기준이 바로 생산성(productivity)이다. 생산성은 최소의 비용으로써 최대의 효과를 얻는 경제원칙(economic principle)에 그 본질을 두고 있다.

$$\text{수익성} = \frac{\text{수익(이윤)}}{\text{투입량}} \qquad \text{생산성} = \frac{\text{산출량}}{\text{투입량}}$$

나. 효율성과 유효성

효율성(efficiency)의 개념은 "투입-산출“의 개념으로 설명될 수 있는데, 효율성 있는 경영이란 바로 투입된 양(노동, 자본, 시간)에 비하여 조직목표 산출을 더 많이 이끌어내는 경영을 말한다. 다시 말해 효율적인 경영은 목표의 달성을 위해 필요한 자원의 비용을 최소화

할 수 있는 경영임을 말한다.

유효성(effectiveness)의 개념은 올바른 목표의 선택을 말한다. 웰빙 제품의 수요가 증가하고 있는 시장 여건에서 기존 제품을 계속 생산한다는 의사결정을 한다면, 비록 최대의 효율성을 갖고 생산한다 하여도, 적절하지 못한 목표를 설정하였기 때문에 이는 유효한 경영이라 할 수 없을 것이다.

다. 균형

경우에 따라서는 조직체의 균형(equilibrium)을 경영성과 평가의 기준으로 설정하기도 한다. 어느 한 조직체가 존속하고 발전하기 위해서는 조직체 내의 균형이 매우 중요하기 때문이다. 일반적으로 조직체가 균형적이라는 뜻은 대내적으로는 개인이 조직에 대하여 기여, 공헌하는 만큼의 유인을 조직체로부터 얻을 수 있는 상태를 의미하며 대외적으로는 조직체가 주어진 환경(여건)에 작 적응하고 있는 상태를 함축한다. 따라서 조직체의 균형은 대내적으로는 효율성을 그리고 대외적으로는 유효성을 추구한다.

라. 복잡성과 상호의존성

최근과 같이 격변하는 환경에서는 경영성과를 평가하는데 새로이 부각되고 있는 개념은 복잡성(complexity)과 상호의존성(interdependence)이다. 이 개념은 자연현상을 설명하기 위해서 최근에 소개된 개념으로써 오늘날의 복잡·다양한 조직경영의 현상을 설명하는 데 매우 적합하다.

복잡성이란 기업의 경쟁력 확보라는 경영문제에 접근할 때 R&D, 조직 분위기, 비용 절감, 혁신제품 개발 등이 경쟁력 강화에 어느 정도 영향을 주는지는 예측하기 어렵다. 다만 이런 방안들이 서로 연결되어 혼합될 때 경쟁력이 어떤 결과를 보일 것이라고 규명할 따름이다.

복잡성 개념은 이와 같이 전체 속의 한 부분으로써 설명할 수는 있어도 따로 독립하여 설명할 수 없는 조직체의 경영성과를 평가하는 데 유용하다. 복잡성 과학의 관점에서는 경제나 조직현상은 단지 기계와 같이 체계적이고 고정된 모델로서가 아니고, 역사와 주위 여건에 상호 의존하고 유기적이고 지속적이라는 속성을 갖는다. 실제로 경영현상과 경제현상은 각각의 구성요소들 간의 아주 복잡한 상호 관계를 통하여 새로운 현상을 만들어내기도 한다. 이러한 일들 모두를 기존 경영성과 평가 개념인 합리성만으로는 설명할 수가 없다. 21세기의 경영은 더욱 문제가 복잡해지고, 상호의존적이 될 것이다. 따라서 복잡성과 상호의존성의 개념은 경영성과 평가에 있어서 주요한 개념으로 자리 잡아 가고 있다.

마. 경쟁속의 협력

경쟁속의 협력(co-opetition)이란 개념은 협력(cooperation)과 경쟁(competition)을 합친 합성어이다. 말 그대로 경쟁하면서 협력하는 경영을 함축하는 의미이다. 비즈니스는 분명히 하나의 경쟁적 게임이다. 그러나 이 게임은 운동경기, 장기, 바둑과 같이 반드시 상대방을 패배시켜야만 이기는 것은 아니다. 회사의 이익을 위해서라면 "적과의 동침"도 서슴지 않아야 하는 것이 오늘날 비즈니스의 현실이다.

비즈니스 게임은 경쟁하는 게임인 것이 틀림없으나, 상대와의 경쟁에서 서로 손실을 입는 경우가 많기 때문에 오히려 상대와 협력할 때 최대의 수확을 거두는 경우도 있다. "경쟁속의 협력"은 이러한 경영을 강조하기 위해 등장한 새로운 개념으로써 21세기 무한경쟁시대에 기업경영성과를 평가하는 데 매우 중요하다. 오늘날 "win-win 게임"이라고 불리는 서로의 협력은 이러한 개념에서 출발한 것이다.

바. 투명성

21세기는 공간적으로, 시간적으로 열리고 있는 세계이다. 이러한 세계에서는 핵심생산자원인 사람의 이동은 물론이거니와 자본과 정보도 글로벌 차원에서 이동하고 있으며, 제품의 생산도 여러 국가가 공동으로 함께 참여하여 세계분업이 이루어지고 있다. 예를 들어 유럽의 벤츠 자동차 회사는 합병하기 전까지는 미국의 크라이슬러 회사와 자동차를 공동으로 생산하였다. 이처럼 글로벌 체제는 갈수록 새로운 방법으로 연결되고 있으며, 전 세계 비즈니스 조직체들의 상호의존관계도 갈수록 확산되고 또한 강해지고 있다. 이처럼 범세계적 비즈니스에서의 경영성과 평가는 무엇보다도 열린 경영의 핵심인 투명성(transparency)이 중요한 역할을 한다. 서로 다른 문화, 조직구조, 기업지배구조를 가지는 비즈니스 조직체들이 열린 경영으로 운영되기 위해서는 서로의 경영활동 정보를 투명성 있게 밝히는 것이 중요하기 때문이다. 글로벌 시대에 요구되는 경영투명성의 개념은 바로 외부에서 조직 내부를 보는 외부자 입장에서의 투명성이라 할 것이다.

(2) 경영자의 유형

조직 내에서 장기간에 걸쳐서 경영의 주요 기능을 실행하는 책임을 지고 있는 사람을 경영자라고 부른다. 따라서 경영자란 우리가 일반적으로 생각하고 있듯이 대기업 또는 중소기업의 기업가만이 아니고, 작은 동호회 조직이나 노동조합의 지부 등을 책임지는 사람도 경영자이다.

경영자의 유형도 여러 가지로 분류될 수 있다. 이 책에서는 크게 두 가지 기준으로 하여 경영자의 유형을 설명하고자 한다.

첫째, 경영자가 기업을 소유하느냐에 따라 크게 소유경영자와 전문경영자로 구분할 수 있다. 소유경영자는 문자 그대로 기업의 소유주이며 동시에 경영자인 경우를 말하는 것으로, 자기 자신의 자본을 가지고 기업을 설립하여 기업의 소유권자가 될 뿐만 아니라 해당 기업의 경영도 담당하는 사람을 말한다.

하지만 소유경영자의 경우에는 자신의 이익을 위해 다른 주주의 이익을 침해할 우려가 있으므로 경영자의 경영활동을 감시하는 기관이 필요하다. 경영감시기관으로서 이사회가 중요하며, 우리나라에서는 감사가 이사회와 함께 기업경영에 대한 감시기 능을 수행하고 있다.

하지만 이사회와 감사의 독립성과 전문성이 결여되어 실질적인 감시기능이 이루어지 않고 있는 실정이다. 이에 따라 소유경영자의 독단적인 기업경영에 대한 감시기능을 강화하기 위한 법적·제도적 개선이 추진되고 있다.

전문경영자는 기업의 소유와는 관계없이 전문적인 지식을 가지고 경영만 전담하는 경영자를 말하는 것으로 기업의 규모가 점점 더 커지고 제반 경영 환경이 변함에 따라 이러한 전문경영자의 필요성이 점점 더 강조되고 있다. 이러한 전문경영자의 수는 계속 증가하여, 우리나라의 경우 많은 기업들이 소유와 경영을 분리하여 경영을 전문경영인에게 위임하는 경향이 점점 더 많이 나타나고 있다.

소유경영과 전문 경영은 각기 장단점을 가지고 있어 어느 쪽이 더 좋은지에 대해서는 의견이 엇갈리는데 이를 설명하기 위한 것으로 대리인이론(agency theory)을 생각 할 수 있다. 대리인이론은 소유와 경영이 분리된 상황에서 전문경영인은 기업의 이윤보다는 자기 자신의 이익을 극대화하려고 노력하기 때문에 아무런 대책이 없는 상황에서는 전문경영보다는 소유경영이 기업 입장에서는 더 바람직하다는 것이다.

즉, 기업의 소유주인 주주들은 이윤 극대화를 통하여 주가의 상승을 원하는 반면, 전문경영인은 상대적으로 사옥이나 사무실과 같은 근무환경의 개선이나, 사적인 업무수행 등 자신의 이익을 최대화할 것이라는 것이다. 이렇게 한쪽의 행위가 상대방의 이익에 영향을 주며 서로 간에 이해가 엇갈리는 경우 행위의 당사자는 도덕적 해이(moral hazard)에 처하게 된다고 말한다.

이러한 도덕적 해이의 문제를 해결하기 위한 방법으로 연봉제와 같은 성과급 제도 또는 전문경영인의 보수를 주가와 연계하는 것을 생각할 수 있는데 이것이 '스톡옵션(stock option)'제도이다. 이 스톡옵션제도는 경영자에게 고정급 이외에 회사의 주식을 일정 가격에 살 수 있는 권리를 제공하는 것으로 전문경영인이 열심히 노력하여 기업의 주가가 상승하게 되면 그만큼 자기 자신의 이익도 증가하게 된다.

전문경영자가 기업이익에 앞서 사익을 어느 정도 추구한다고 해도 소유경영자보다 경영능력이 훨씬 뛰어나다면 소유경영자보다는 전문경영이 득이 많을 것이다. 또한 소유와 경영이 분리되었다 할지라도 대리인이론에서 주장하는 것처럼 반드시 전문경 영자가 기업 또는 주주의 이익보다는 자기 자신의 사익을 추구한다고 보기는 어렵다. 따라서 소유경영과 전문경영각기 나름대로의 장단점을 가지고 있으므로 기업이 처한 상황에 따라 바람직한 방법이 선택되어야 하며, 해당 방법의 단점을 보완하기 위한 대응책이 겸비되어야 한다는 것이다.

둘째, 경영자를 구분하는 또 다른 방법은 계층별로 일선경영자, 중간경영자, 상위경영자(최고경영자), 로 구분하는 것이다. 각 계층별 경영자에 대한 설명은 다음과 같다.

■ 일선경영자(first-line manager)

조직체내에서 가장 낮은 단계의 경영자를 일선경영자라 한다. 일선경영자는 단순 노무직을 관리하지만 다른 경영자들을 감독하지는 않는다. 일선 관리자의 예로는 각 팀의 팀장급 등을 의미한다.

■ 중간경영자(middle manager)

중간경영자는 하급 경영자의 업무를 지시한다. 중간경영자의 주 업무는 해당 조직의 정책을 수행하고 최고경영층의 요구와 조직체 내 경영자들의 수용 능력 간의 균형을 조절하는 것이다.

■ 최고경영자(top manager)

조직 내에서 경영을 총괄하는 사람을 의미한다. 보통 대표이사와 같은 뜻으로 쓰인다. 대외적으로 기업을 대표하고 대내적으로는 이사회의 결의를 집행하며, 회사 업무에 관한 결정과 집행을 담당하는 등 대표이사와 유사한 지위·권한을 갖는다.

일반적으로 CEO(Chief Executive Officer)라 불리며 한 기업에 보통 1명이 있지만, 복수의 CEO를 두는 기업도 있으며, CEO가 회장직을 겸하는 경우도 있으나 두 직책이 분리되는 경우도 있다. CEO와 회장직이 분리되어 있는 경우에는 일반적으로 회장은 단지 이사회를 주재하는 권한만을 행사하는 데 반하여 CEO는 경영 전반을 통괄한다. 따라서 기업 경영에 관한 실권은 CEO에게 있다고 할 수 있다.

진정한 CEO가 되기 위해서는 자신만의 독특한 경영철학과 경영이념, 그리고 지도력이 있어야 한다는 것이 일반적인 견해이다. 즉 바람직한 정책과 전략을 제시해 기업의 구체적인 행동 강령을 이끌어 내고, 필요한 순간에 과감히 결단을 내릴 수 있어야만 한다.

TIp. 성공적인 경영자와 경영자 육성

지금까지의 최고경영자의 성공 여부는 그가 얼마나 고도의 전문지식과 기술을 가지고 있는가에 달려 있었다. 공급이 수요를 창출할 수 있었던 시대, 즉 좋은 제품을 만들기만 하면 팔리는 시대에는 제조기술이 뛰어난 엔지니어 전문가가 성공적인 최고경영자의 자리를 차지했으나, 소비자의 욕구가 다양해 지면서 그자리를 마케팅 전문 경영자가 대체하게 되었다. 그러나 최근 인터넷과 전자상거래가 경영기능에서 중요시되면서 이 분야의 전문가들이 최고경영자로서 등장하고 있다.
그러면 21세기에는 어떤 전문지식의 소유자가 성공적인 최고경영자가 될 수 있을 것인가? 경제 및 사회환경이 급격하게 변하는 여건을 고려할 때 생산, 마케팅, 재무등 특정 분야에서 전문가적 재능을 인정받아 최고 경영자로 선출된 스페셜리스트는 "나무"만을 보지 "숲"을 보지 못하기 때문에 성공적인 경영자가 되지 못하고, 특정 분야에 전문지식을 가지고 있으면서 조직전체, 즉 숲도 볼 수 있는 제너럴 스페셜리스트(general specialists)가 성공적인 최고 경영자가 될 것 이다.

■ 21세기가 요구하는 최고 경영자의 자질

- 디지털 비즈니스의 이해 (세계 환경 변화에 대한 폭넓은 이해)
- 네트워크를 통한 사회적 역량 (공식, 비공식 네트워크 활용)
- 글로벌 다양성 인정 (국제 시장에서의 다양한 활용능력)
- 속도와 창의성을 갖춘 사업적 역량 (글로벌 환경에 맞는 내, 외적 변화를 적극 활용)

2) 경영학의 발전과정

(1) 경영이론의 변천사

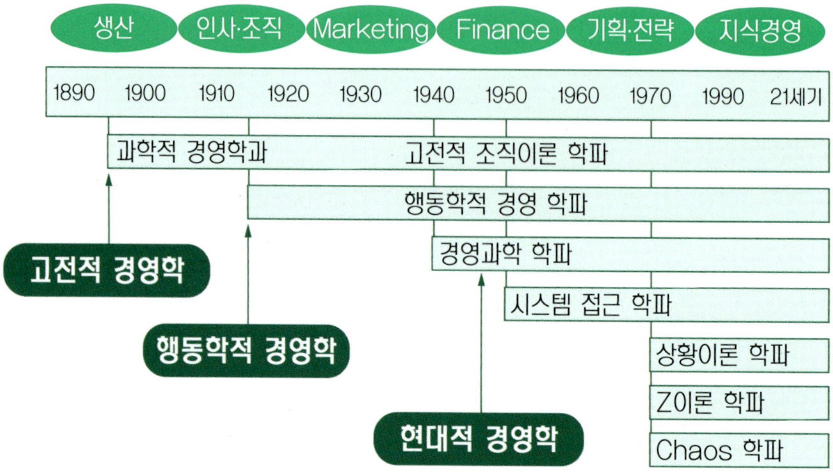

[그림 1-3] 경영이론 진화의 주요 견해

(2) 고전적 경영학

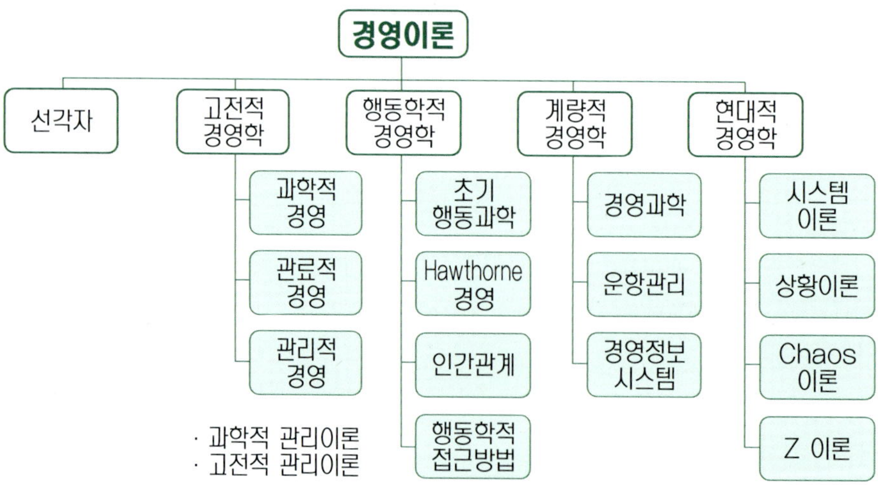

Tip. Taylor 과학적 관리 system

노동자에게는 높은 임금, 자본가에게는 높은 이윤을 주기 위해 노동과정을 과학적으로 분석해 생산에 적용하려는 움직임이었다. 이것은 최소의 노동과 비용으로 최대의 생산성을 높이기 위한 것이고, 경제적 합리성을 중요시하는 이론이다.

① 과학적 관리 이론

19세기 말부터 20세기 초 미국에서 산업자본주의가 전개됨에 따라 일어난 일련의 기업경영 및 생산과정 과학화 운동과 고전적 조직이론이 접목되면서 구축된 이론지향을 일컫는다. F.W.Taylor 등에 의해 대표되는 과학적 관리학파는 '절약과 능률'을 행정의 가장 중요한 가치기준으로 삼고, 정치·행정 분리론을 토대로 하여 행정 고유영역의 활동을 규율하는 과학적 원리와 합리적인 관리기법을 본격적으로 탐구하였다.

② 고전적 조직이론

고전적 조직이론은 전체 조직의 관리적 측면에서 연구로 현대 조직이론의 근원이 되었다. 이는 Taylor의 과학적 관리론이 미시적 관점에서 공장운영의 최적관리를 위한 여러 원리를 추구한 것과는 대조적으로 1920-30년대의 조직이론들은 보다 고차원적인 조직수준에 적용할 수 있는 광범위한 행정 및 조직원리들을 제시하고자 한 것이 고전적 조직이론(classical organization theory)이다.

고전적 조직이론의 주창자들은 고전적 조직이 위원회(collegial)조직에 비해 여러 가지 장점을 지닌다고 믿었다. 탁월한 고전적 조직이론가인 Weber는 고전적 조직이 '정확성, 신속성, 명확성, 계속성, 신중성, 통일성, 엄격한 상명하복, 갈등 및 인적·물적 비용의 감소' 등의 장점을 지닌다고 주장하였다. 그러나 고전적 조직이론은 관리에 있어서의 인적 요인의 과소평가라는 근본적인 약점을 지니고 있다. 고전적 조직이론은 조직체 속의 구성원들이 상급자의 명령을 수행할 것이라는 단순한 관점을 받아들이고 있으나, 신고전이론(neoclassical organization theory)은 그들이 어떤 때는 명령을 수행하나 때로는 명령을 이행하지 않을 수도 있다는 사실을 밝혀냈다.

Tip. 고전적 경영이론의 평가

■ 공헌

- 오늘날 작업 설계(Work Design)의 개념적 정립에 기여
- 작업자의 노력과 교육훈련의 중요성 제기
- 모든 조직에 응용될 수 있는 유용한 관리 원칙의 제시
- 컨베이어 벨트(Conveyor Belts system)을 통한 대량생산의 가능

■ 한계

- 경험에만 지나치게 의존 : 연구 시점의 환경과의 차이
- 검증되지 않은 가정 존재 : 작업자는 오로지 금전적 보상에만 욕구
- 비공식적(Informal) 조직의 무시 : 비공식적 조직의 중요성
- 의도되지 않은 결과 초래 가능성 : 지나친 규칙과 규정의 맹신
- 인간과 기계를 동일하게 취급 : 종업원은 화폐적 자극만이 동기부여
- 조직의 외부 환경 고려 미흡

(3) 행동학적 경영학

① 인간관계론

과학적 관리론에 대한 반발로 등장한 인간관계론은, E. Mayo 등 하버드 대학의 경영학 교수들이 미국의 Western Electric 회사 Hawthorne 공장에서 1927년부터 1932년까지 수행한 일련의 실험에 의해 이론적 기틀이 마련되었다.

이는 조직구성원들의 사회적·심리적 욕구와 조직 내 비공식집단 등을 중시하며, 조직의 목표와 조직구성원들의 목표간의 균형유지를 위한 민주 적·참여적 관리방식을 처방하는 조직이론을 말한다. 인간관계론의 요지는 첫째, 조직구성원의 생산성은 생리적·경제적 유인으로만 자극받는 것이 아니라 사회·심리적 요인도 크게 작용한다는 점과, 둘째, 이러한 비경제적 보상을 위해서는 대인관계·비공식적 자생집단 등을 통한 사회·심리적 욕구의 충족이 중요하며, 셋째, 이를 위해서는 조직 내에서의 의사전달·참여가 존중되어야 한다는 것이다.

Tip. 호손실험 (E. Mayo의 Hawthorne)

무엇 때문에 어떤 사람은 열심히 일하고 어떤 사람은 게으른가? 또 능률을 높이거나 떨어뜨리는 요인은 무엇일까?

이런 의문을 해명하기 위해 하버드대학의 연구자들은 1924~1932년에 미국 시카고 교외에 있는 유수의 전화기 메이커인 웨스턴 일렉트릭 사의 호손공장에서 실험을 행했다. 연구자들은 한 작업실 안에서는 조명의 밝기를 다양하게 조절했고, 다른 작업실에서는 조명을 계속 일정하게 유지했다. 그런 뒤 두 집단의 작업 성과를 비교해 보았다. 그러나 결과적으로 두 집단 모두 성과가 증가했고, 심지어 조명의 밝기를 낮추었음에도 불구하고 생산성은 양쪽에서 모두 향상되었다. 이것이 바로 유명한 호손실험이라고 불리는 것이다.

이 실험 결과 의외의 사실을 알게 되었다. 그때까지 인간은 임금의 많고 적음에 따라 부지런히 일하기도 하고 게으르기도 하는 경제인 이라고 생각하는 사고방식이 널리 퍼져 있었다. 그러나 이런 생각이 반드시 옳은 것만은 아니라는 결론에 이른 것이다.

즉, 작업능률을 좌우하는 요인은 작업환경이나 돈이 아니라 종업원의 심리적 안정감이며, 사내친구관계, 비공식 조직, 친목회 등이 중요한 역할을 한다는 것이다.

■ 인간은 심리적 존재

최초의 조명 실험은 가장 적당한 조명을 비춰준다면 피로를 줄이고 노동 능률도 높일 수 있을 것이다라는 가설 하에 행해졌다. 그런데 결과는 예상과 반대였다. 조명의 명암과 관계없이 생산고는 올라갔던 것이다.

그것은 실험 중에 자신들의 희망이 받아들여지고 있다고 느꼈던 노동자의 심리적 반응에 의한 것이었다. 인간이 감정에 의해 움직이는 심리적 존재임을 발견한 것이다.

■ 인간은 사회적 존재

한편 배선작업 실험에서는 인간이 사회의 정해진 공식집단의 규율뿐만 아니라 노동하는 동료들 사이에서 자연스럽게 발생한 비공식집단의 통제력에 의해서도 움직이는 사회적 존재라는 사실을 알게 되었다. 이처럼 호손실험은 현실의 노동자가 단순한 경제인이거나 노동력만이 아니라 어디까지나 살아있는 인간이라는 사실을 분명히 해 주었다.

1950~60년대 호손실험의 결과에 기초해서 성립된 새로운 사고 방식을 인간관계론이라 하고 인간관계 운동은 경영학적 사고에 많은 영향을 미쳤다. 이 운동은 작업장에서 좋은 인간관계를 유지하고 인간적인 배려를 해주는 경영자들이 높은 생산성을 얻을 수 있다는 사고를 바탕으로 한다.

호손실험은 경영자의 관심을 사회적, 인간적 요소로 돌리는 데 결정적인 역할을 했다는 점에서 의의를 찾을 수 있다.

② 인간관계 운동

가. 머슬로우(Maslow)의 욕구단계이론

머슬로우는 인간의 욕구를 5단계로 분류하였다. 인간은 기본적으로 가장 낮은 단계의 욕구가 충족되어야 보다 높은 단계의 욕구를 추구하게 된다고 설명하고 있다.

■ 생리적 욕구

생명을 유지하기 위해 최소한으로 필요한 음식·물·수면·산소 그리고 배설 등의 욕구를 말한다.

■ 안정과 안전의 욕구

신체의 안전과 동시에 심리적으로 협박당하거나 사회적으로 협박당하는 것을 피하려는 욕구를 말한다.

■ 사회적 욕구

좋아하고 사랑하고자 하는 욕구와 사랑 받고자 하는 욕구, 집단과 그 집단의 일원이 되고자 하는 욕구, 다시말해 다른 사람들과 따뜻한 인간관계를 맺고자 하는 욕구를 말한다.

■ 인정·자존의 욕구

사람들로부터 인정받고 존경받고자 하는 욕구 또한 자기 자신을 존중하고자 하는 욕구를 말한다.

■ 자아실현의 욕구

자신이 마음먹은 대로 자아를 실현하고자 하는 욕구, 즉 자신의 가치관을 충실히 실현시키려는 욕구를 말한다.

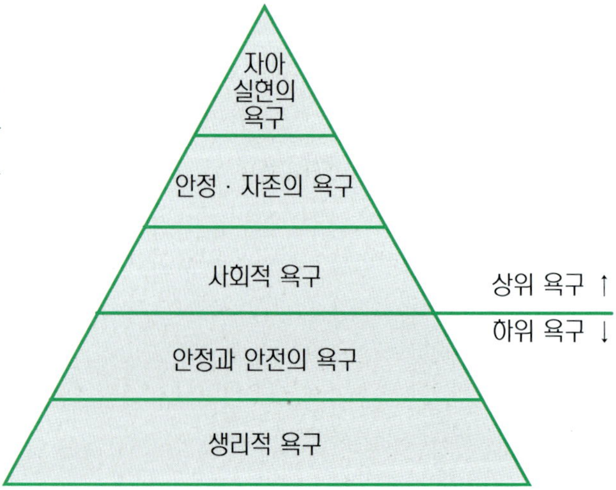

이 5단계의 욕구에 관하여 매슬로우(Maslow)는 다음과 같이 말하고 있다.

"보다 낮은 차원의 욕구가 기본적으로 채워지지 않은 상태에서는 그것보다 높은 차원의 욕구는 행동의 동기로 되지 않는다. 예를 들면 기본적으로 생리적 욕구가 채워지지 않은 상황에서는 사람은 생리적 욕구를 채우기 위해 전력을 집중하게 되며, 안정과 안전의 욕구 이상은 행동의 동기로 작용하지 않는다. 또한 일단 충족된 욕구는 이미 행동의 동기 부여의 요인으로 작용하지 않는다".

나. McGregor의 X Y 이론

인간본질에 대한 가정을 두가지로 대별하여 각기 특성 에 따른 관리전략을 처방하는

McGregor의 동기부여 이론을 말한다. 그는 인간의 하급욕구에 착안하여 권위적 통제에 입각한 관리전략을 처방하는 전통적 관점을 X이론이라 하고, 인간의 고급욕구·성장적 측면에 착안한 새로운 관리체제를 Y이론이라 불렀다.

■ **X이론** : 인간은 본래 게으르고 일을 싫어하며, 야망과 책임감이 없고, 변화를 싫어하며, 본래 자기중심적이고, 금전적 보상이나 제재 등 외재적 유인에 반응한다고 가 정한다. 이에 따라 조직 구성원들에게 동기를 부여하기 위해서는 금전적 보상이나 제재를 유인으로 사용하고 강제와 위협, 철저한 감독과 통제를 강화하는 관리전략을 처방해야 한다는 것이다. McGregor는 이러한 X이론은 고급욕구의 충족을 원하는 현대인에게 동기유인을 제공하지 못할 것이라고 비판하였다.

■ **Y이론** : 인간은 본성적으로 일을 즐기고 책임있는 일을 맡기를 원하며, 문제해결에 창의력을 발휘하고, 자율적 규제를 할 수 있으며, 자기실현 욕구 등 고급욕구의 충족에 의해 동기가 유발된다고 가정한다. Y이론은 따라서 인간의 잠재력이 능동적으로 발휘될 수 있는 관리전 략을 처방한다. McGregor는 고급욕구를 중시하는 Y이론에 역점을 두고 있다.

한편 McGregor의 XY이론에 대비하여 Z이론(Theory Z)을 주창하는 일단의 사람들이 있다. 같은 이름의 Z이론에는 각기 내용이 다른 3가지 종류가 있다. Sven Lundstedt의 Z이론은 권위 주의적 관리를 대변하는 X이론과 민주적 관리를 대변하는 Y이론에 대비하여, 자유방임형의 관리를 지칭한다. David Lawless의 Z이론은 변동하는 환경 속에서 살아가는 조

직을 관리할 때 상황을 객관적으로 파악하여 이에 상응하는 관리전략을 세우고 변화시켜 나아가야 한다는 상황적 접근방법을 말한다. 그리고 William Ouchi의 Z이론은 미국 내의 일본식 경영관리를 지칭하는 개념이다.

Tip. 인간행동학파의 평가

개인의 사회적 욕구, 집단과정, 상위자와 하위자간의 관계가 생산성에 영향을 미치므로 이를 위하여 사람을 다루는 기술을 이용해야 하며, 경영의 기술적 측면과 더불어 인간적 측면 사이의 관계성을 이해해야 한다.

(4) 계량적 경영학

세계 2차 대전을 통하여 계량적 방법이 많이 개발되었다. 전후 이러한 방법론은 비즈니스 조직체에 보다 활발히 보급되게 되었고, 따라서 수학, 통계학, 컴퓨터 등을 이용한 계량적 접근 방식이 보다 폭넓게 확산되고 있다. 계량적 경영이론은 크게 세분야로 발전되고 있는데 이는 다음과 같다.

① 경영과학

경영과학(management science)은 복잡한 수학적 모델이나 통계적 방법을 사용하여 기업의 의사결정을 유용하게 하려는 목적에서 파생된 접근 방식이다. 이는 일명 OR(operation research)이라고도 부른다.

② 운영경영

운영경영(operation management)이란 주로 제품과 서비스의 생산과 배분을 경영하는 기능으로써, 과거에는 생산관리라 불렸다. 이에는 재고경영, 작업일정 스케줄, 생산계획, 품질관리, 시설배치와 디자인 등이 포함되어 있으며, 계량적인 접근 방식이 많이 이용되기 때문에 계량적 경영이론의 한 부문으로 자리잡고 있다.

③ 경영정보시스템

약칭 MIS라 불리는 경영정보시스템(Management Information System)은 경영자의 편의를 위한 컴퓨터 중심 정보시스템을 디자인하고 실행하는 기능이다. 컴퓨터라는 도구를 중심으로 이루어지기 때문에 계량적인 접근 방식이 많이 이용된다. 더구나 최근에는 인터넷을 이용한 경영활동이 활발히 진행되고 있기 때문에 경영정보시스템의 역할은 더욱 확대되고 있다.

(5) 현대적 경영학

고전적 경영이론, 행동학적 경영이론 그리고 계량적 경영이론이 경영이론의 발전에 크게 공헌한 것은 사실이지만, 경영의 주위 환경 여건이 보다 급격히 변화되면서 최근에 와서는 새로운 이론들이 크게 영향을 미치고 있다. 이들 새로운 이론들은 경영에 대한 새로운 사고 혁신을 가져왔기 때문에 현대 경영이론으로써 경영학계에서는 평가하고 있다.

① system 이론

가. 정의

일반적으로 생산관리자는 낮은 비용과 효율성 극대화를 위하여 가능한 한 표준화된 제품의 대량생산을 선호한다. 반면에 마케팅 경영자는 소비자의 만족 극대화를 위하여 다양한 제품의 생산을 원한다. 이 경우 생산관리자가 자신의 효율성만을 생각하여 마케팅 관리자와 협의 없이 일방적 생산운영을 한다면, 생산부문에서는 성공할지 몰라도 기업조직 전체의 업무성과에는 오히려 역행할 수도 있다. 이러한 관점에서 경영 각 부문의 문제를 다루기 보다는 경영 각 부분의 상호의존성을 고려하면서 기업이라는 조직 전체의 목표극대화를 생각하는 것이 현대 경영이론의 시스템적 접근 방식이다.

다시 말해 시스템이란 전체적으로 작용하는 상호 관련된 요소들의 조합을 말하는 것으로 모든 실체(조직;기업,학교,병원 등)는 system으로 파악될 수 있으며 이는 어떤 하나의 목적을 가지고 이를 달성하기 위하여 여러 구성인자가 유기적으로 연결되어 상호 작용하는 결합체이다.

나. 속성

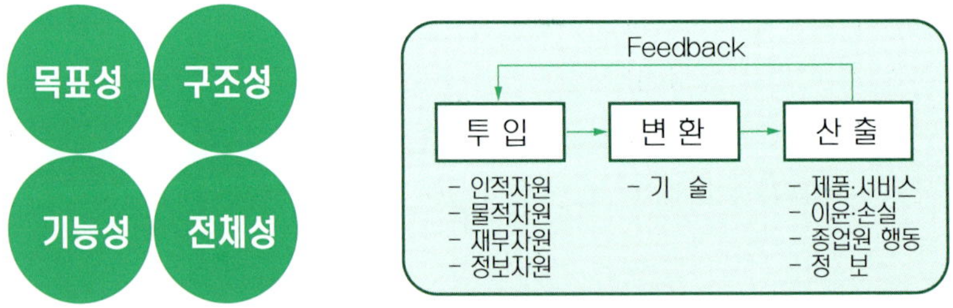

[그림 1-3] 진화론적 관리 능력

다. 주요 개념

- 개방 System과 폐쇄System; 환경과의 상호 작용 여부
- 하위(sub)System; 전체 System을 구성하고 있는 인자
  - ▶ Marketing, 생산, 재무, 인사부문은 조직의 하위시스템
  - ▶ 상호의존성 내재
- Feedback; System의 활동 결과가 투입 과정으로 돌아오면서 System활동을 수정하고 통제하는 활동

② 상황접근 이론

가. 정의

고전학파이론에서 부터 System적 접근방법까지 모든 경영이론의 통합을 시도한 이론으로 경영활동과 조직성과에 영향을 미치는 내적 및 외적변수가 구체적으로 무엇인가를 밝히려는 접근방법을 제시한 이론이다. 조직성과에 영향을 미치는 유일 최선의 방법이란 존재하지 않으며 상황에 따라 다르다는 것을 강조한 이론이다.

상황이론에 따르면, 경영자의 주요 과업은 시간에 따라 변하는 경영상황에 따라서 어떤 경영기법이 조직목표 달성에 최적인가를 결정하는 것이 된다. 예컨대 생산성 증대를 위해 조직 구성원을 격려할 필요가 있을 때, 고전적 경영학자는 새로운 작업 단순화 계획을 제안할 것이고, 행동학적 경영학자는 심리적인 동기부여 분위기를 제안할 것이다. 그러나 이 상황이론 접근 방식에 훈련된 경영자라면 그는 "어떤 방법이 지금 이 순간, 이 작업장에서 최적일까?"를 생각할 것이다. 만약 조직 구성원들이 주로 미숙련공이고, 교육훈련 및 자원 측면에서 제한이 있을 경우에는 그는 고전적 경영학자의 견해를 택할 것이다. 그러나 만약 조직 구성원이 숙련공들이라면 그는 행동학적 경영학자의 견해가 오히려 유효적 이라는 결론을 내릴 것이다.

나. 상황이론의 접근방법

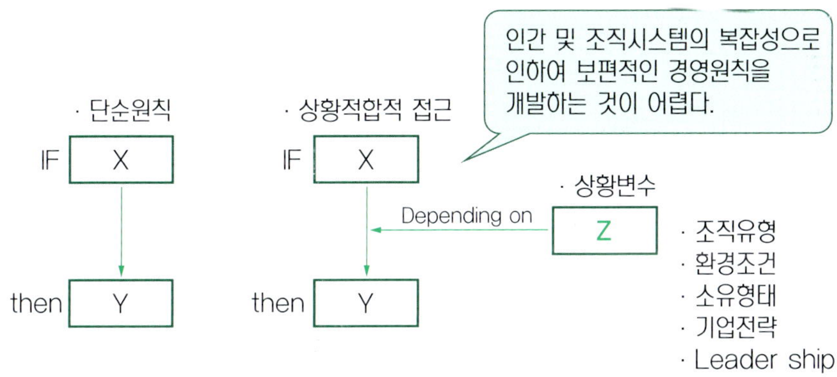

③ 카오스(Chaos) 이론

카오스는 컴컴한 텅 빈 공간, 곧 혼돈(混沌)을 뜻한다. 물리학에서는 불규칙적인 결정론적 운동을 가리킨다. 카오스이론은 1970년대부터 활발하게 논의되기 시작하여, 1961년 미국의 기상학자 로렌츠가 기상관측을 하다가 생각해 낸 나비효과를 발표하면서 이론적 발판이 마련되었다.

나비효과란 중국 베이징[北京]에 있는 나비의 날갯짓이 다음 달 미국 뉴욕에서 폭풍을 발생시킬 수도 있다는 과학 이론이다. 이는 지구상 어디에선가 일어난 조그만 변화가 예측할 수 없는 변화무쌍한 날씨를 만들어낼 수도 있다는 것을 의미한다. 로렌츠의 이러한 생각은 기존의 물리학으로는 설명할 수 없는, 이른바 "초기조건에의 민감한 의존성", 곧 작은 변화가 결과적으로 엄청난 변화를 일으킬 수 있다는 사실을 보여준다.

카오스이론은 작은 변화가 예측할 수 없는 엄청난 결과를 낳는 것처럼 안정적으로 보이면서도 안정적이지 않고, 안정적이지 않은 것처럼 보이면서도 안정적인 여러 현상을 설명하려는 이론이다. 겉으로 보기에는 한없이 무질서하고 불규칙해 보이면서도, 나름대로 어떤 질서와 규칙성을 가지고 있는 여러 현상을 설명하려는 이론이다.

카오스이론은 이러한 불안정성을 수용하는 복잡성 과학의 한 분류로써 지금까지의 경영 이론이 선형관계와 일방적 인과관계에 중심을 주는 것과는 대조적으로, 불안정성을 시스템 자체가 인정하는 비선형 관계와 상호 인과적 순환고리를 강조한다.

따라서 기존 경영 이론에서는 리더십 유형의 미세한 변화는 생산성에 큰 영향을 미치지 않으나, 카오스 이론에서는 리더십 유형의 미세한 차이가 걷잡을 수 없이 증폭되어 생산성에 엄청난 영향을 미칠 수도 있음을 보여주고 있다.

④ Z 이론

1970년대와 1980년대 일본기업들의 세계무대에서의 성공은 다른 나라들에게 일본식 경영접근방식(Japaness management approach)에 대한 관심을 불러 일으켰다. 이에 따라 미국의 경영이론에서도 이를 적극 도입 검토하게 되었다.

미국식 경영접근 방식과 일본식 경영 접근 방식의 혼합을 접목하려는 시도에서 나온 접근 방식으로 윌리엄 오치가 개발한 Z이론이 있다. 이는 미국 사회의 규범과 가치 그리고 문화를 유지하면서, 미국식 경영의 유용성을 증가시키고자 하는 의도에서 미국과 일본의 경영 접근 방식을 혼합하여 수정한 경영 개념이다.
GM, Ford, Intel과 같은 많은 미국 기업들은 Z이론을 경영 아이디어로써 채택하여 성공을 보았다. 이들 기업들은 특히 근로자의 의사결정과정 참여, 공동책임의 부여와 격려 그리고 비공식적인 통제 개념을 적극 수용하였다.

[표 1-1] Z 이론의 특성

유형 A (미국)		유형 Z (수정된 미국)		유형 B (일본)
· 단기고용 · 개인적 의사결정 · 개인적 책임 · 신속한 평가와 승진 · 공식적인 통제 · 전문화된 경력 경로 · 세분화된 관심	▶	· 장기 고용 · 합의적 의사결정 · 개인적 책임 · 느린 평가와 승진 · 비공식적 통제와 공식적 측정 · 적절히 전문화된 경력 경로 · 가족을 포함한 전체적인 관심	▶	· 종신 고용 · 합의적 의사결정 · 집단적 책임 · 느린 평가와 승진 · 비공식적인 통제 · 비 전문화된 경력 경로 · 전체적인 관심

4. 미용 경영학(美容 經營學)

1) 미용 경영학의 개념

경영학이라고 이야기하면 막연하다든지 아니면 아주 어려운 학문으로 인식하는 사람이 많다. 물론 경영학을 처음 접하는 사람은 생소함을 느낄 것이며 실천학문인 경영학을 미용에 접목시키기란 쉬운 것은 아니다. 그러나 하루하루 변화하는 미용환경에서 살아남고 성공적인 미용기업을 만들기 위해서는 경영학의 미용기업에 대한 접목은 필수 불가결한 것이다.

그러므로 경영학을 미용환경에 접목시킨 미용경영학의 개념을 이해하고 경영일선에서 활약하고 있는 모든 미용 산업 종사자들에게 주먹구구식 경영이 아닌 체계적이고 효율적인 경영학의 기법을 적용하여 빠르게 변화하는 미용시장에서의 경쟁을 갖춘 미용경영자를 만들기 위하여 미용경영학이 도입되었다.

미용기업의 목표달성을 위해 미용기업이 동원할 수 있는 모든 자원을 활용하여 구성원들의 노력을 계획, 조직, 지휘, 통제하는 일련의 과정을 통해 효율적이며 성공적인 미용기업을 만들 수 있게 연구하고 경영하는 실천적 학문을 "미용경영학"이라고 한다.

다시 말해, 미용경영학이란 단지 말로만 그치는 이론 학문이 아니라 실제 경영자가 변화하고 미용기업에서 근무하는 종업원들이 변화하며 그 미용기업을 이용하는 고객들이 변화된 모습에서 감동을 느끼므로 실천적인 행동과 마음자세의 변화를 요구하는 실천 학문이 미용경영학이라 말할 수 있다.

그러나 미용기업이라는 공간이 각 지역이나 장소의 특수성, 직원의 수, 업소의 크기 등에 따라 여러 변수가 존재하지만 이런 세분화된 분류 없이 막연히 미용기업을 잘 운영하는 방법이 미용기업에 일반적인 경영학의 개념만 도입하면 된다는 식으로 생각하고 미용기업에서 미용경영학이라는 이름을 사용하고 있지는 않나 하는 생각이 든다. 미용기업에서 경영을 잘하기 위해서는 고객관리, 인적자원관리, 마케팅관리, 인성교육 및 접객서비스, 기술개발 및 교육관리, 경영자의 마인드와 직원들의 마음가짐, 시설과 인테리어, 상권선택, 제품 판매관리, 재무관리, 가격관리 광고와 판촉, 미용상담 심리, 인터넷정보 활용 등을 어떻게 효율적으로 잘 습득하고 활용하여 자기 미용기업에 맞게 적용, 실천함으로 경영의 변화를 주느냐 하는데 있다.

2) 미용 산업의 특성

미용 산업의 특성은 소규모의 경쟁자가 많고 매출이 매우 불안정하며, 어느 산업보다도 인적자원의 비중이 대단히 크다고 볼 수 있다. 노동력 제공자인 종업원의 불안정성과 인건비의 상승, 자금 조달 상의 문제는 운영상의 어려움을 가중시키고 있다. 특히 요즘에는 고객의 욕구가 증대되고 다양해짐에 따라 샵의 업장 내 인테리어의 중요성은 더욱 경영적 비용상의 문제로 떠오르고 있다.

미용 산업은 타 업종에 비해 개별점포 소유가 대체로 용이하기 때문에 소규모의 점포가 점점 많아지면서 경쟁이 더욱 치열해지고 있다. 또한 계절적이며, 패션지향적이기 때문에 매출에 있어서도 업장의 서비스에 따라 다소 불안정하다고 볼 수 있다. 외형적으로는 많은 발전과 규모의 확대가 이루어졌으나, 규모의 영세성을 벗어나기가 어렵고, 인적자원의 관리와 유지의 어려움, 이직률의 증가는 생산성 제고의 한계를 지니고 있다.

Tip. 일반기업과 미용기업의 경영자원

분류	일반기업	미용기업
인간	생산자, 유통업자, 기술자, 종업원 등	원장(경영자), 뷰티 매니저, 디자이너, 인턴, 스탭 등
물건	원재료, 공장 설비, 생산 · 기계설비, 사무실 등	미용기술, 신 메뉴 개발력, 미용기업 점포, 미용도구, 미용기구, 미용기계, 미용재료 등
돈	토지 구입비, 건물 설비자금, 기계 구입비, 원재료 구입비, 재무자금 등	점포 임대지, 인테리어비, 운영비, 미용재료 구입비, 종업원 임금 등
정보	상품이나 기업이 갖는 신용력 · 경영 및 기술적인 노하우 등	미용 신제품 · 신기술 정보, 경쟁 미용 기업 정보, 미용경영 노하우 등
환경	국제환경, 사회환경, 경제환경, 경영환경, 소비환경 등	미용경영환경, 점포입지 환경, 점포 공간, 소득 수준, 소비자 계층 등
시간	기술시간, 생산시간, 개발시간 등	미용시술 시간 등

(1) 기술적인 측면

미용 산업은 유형의 상품이면서도 그 과정이 서비스적인 요소를 많이 담고 있어 이를 관리하고 운영하는 측면에서 일반 상품과는 다르게 접근할 필요가 있다. 또한 다른 산업에 비해 인적자원의 기술적인 면이 큰 비중을 차지하고 있어 기술적인 요소를 갖춘 인적자원의 관리가 중요한 산업이라 할 수 있다.

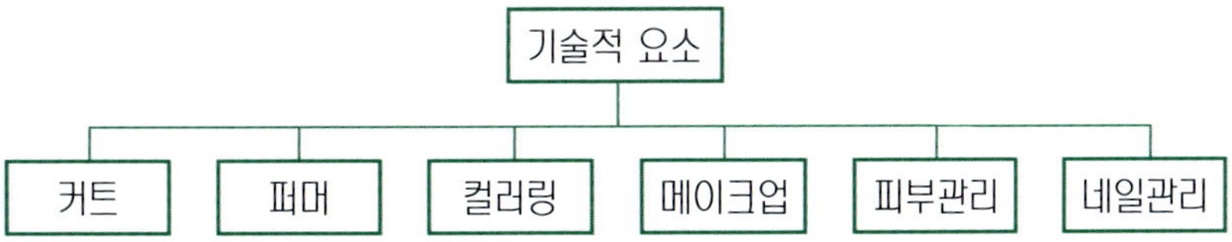

(2) 경영관리적인 측면

1980년대 이전에는 수요가 많고 공급이 적어 공급자 중심의 시장이 형성 될 수 밖에 없었고, 미용시장은 기술자시장이라고 할 수 있었다. 그러나 이후 소득수준의 향상과 더불어 소비문화가 팽창되면서 미용업계도 호황을 맞이하게 되었고, 눈부신 발전을 하게 되면서 미용업소 수의 증가와 규모의 확장, 시설이 고급화 되었다. 이러한 추세에 힘입어 업소의 증가는 기술자 시장에서 소비자 중심으로 옮겨가게 되었고, 수요보다 공급이 많은 미용시장구조로 발전하게 되었다. 1990년대 초 해외시장의 개방, 미용업소의 규모화와 계열화로 인하여 경영관리적 요소인 인사관리, 마케팅관리, 생산관리, 재무관리 등의 필요성이 대두되었다.

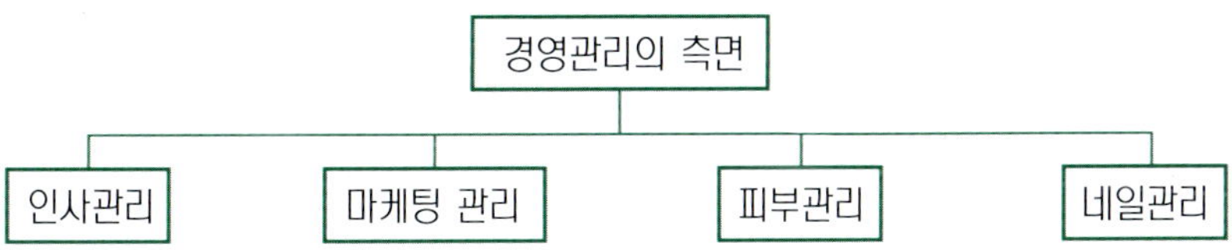

5. 미용경영 환경분석(環境分析)

1) 미용경영 환경의 변화

정보통신산업의 획기적인 발전과 WTO 출범 이후로 세계 경제는 개방화의 물결을 타고 세계화가 급속히 진전되고 있다. 기업을 둘러싼 환경은 과거에 비해 매우 빠르게 변화하고 있다. 노동자의 임금은 높고, 경쟁은 가속화되어 가는 무한경쟁 시대인 것이다. 교통과 통신의 발달로 나라 간의 심리적 거리가 좁아져 국경의 개념이 퇴색되고, 어제의 '적'이 서로의 경제적 이익을 위해선 우방이 되어 협력하고, 어제의 '우방'이 자국의 이익을 위해선 치열한 경제전쟁을 불사하는 환경에 살고 있는 것이다. 따라서 한 나라의 경제발전도 급변하는 세계정치, 경제환경의 영향을 간과할 수는 없는 실정이다. 국내 미용업은 전체 업자중 소형의 영세 업소가 주류를 업장 수의 대부분을 차지하고 있지만 소수의 프랜차이즈 업장이 매출의 대부분을 차지하는 구조를 갖고 있으며 전체 시장에서의 영향력도 크다. 해외의 경우 미국의 헤어살롱 사례를 보면 전체 업장중 세계 최대 프랜차이즈 그룹 레지스가 슈퍼컷, 비달사순 등 높은 브랜드 인지도와 서비스 력을 앞세워 시장을 잠식하고 있다. 그렇게 본다면 우리나라 1인 미용실은 매우 영세한 실정에서 해마다 창업과 폐업을 반복하고 있으며 많은 미용실의 난립과 미용시술과 서비스에 대한 가격 인하의 과당경쟁으로 악순환의 고리를 끊지 못하고 있는 실정이다. 또한 3D 업종이라는 현상의 여파로 하루 내내 서서 일하는 미용 인력을 확보하기가 어렵고, 확보하였다 하더라도 지속적인 근무여건을 마련해 주기가 힘든 구조적인 문제가 있다. 이에 변화하는 경영 환경에서 미용 기업이 나아가야 할 방향을 찾아내어 경영전략을 수립하는 것이 필요하고 미용기업 활성화를 위한 실천력이 요구된다.

미용 경영 환경을 분석하는 목적은 미용기업 활성화를 위한 전략과제를 명확히 하는데 있다. 미용 기업 활성화 전략과제는 끊임없이 진화하는 소비자 성향, 고객, 경쟁 업체 등의 분석과 자기 미용 기업의 경영 자원 분석이 필요하다. 일반적으로 경영 환경은 외부환경요인과 내부 환경요인으로 크게 나눌 수 있다. 경영 환경은 항상 끊임없이 변화하는 역동적 성질을 내포하고 있음을 인식하고 이에 대한 내용을 살펴보기로 한다.

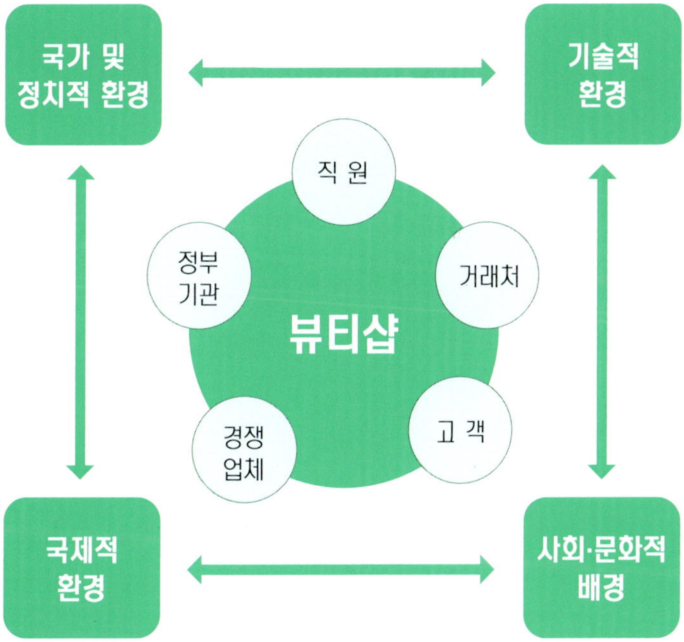

[그림 1-4] 미용 경영 환경

(1) 외부환경요인

① 국가 및 정치적 환경

기업의 활동은 국가가 규정하는 법적인 테두리 하에서만 이루어져야 한다. 따라서 국가의 제도 및 법적 규범 그리고 이를 산출하는 정치적 과정은 기업의 지위와 생산 활동에 직·간접으로 영향을 미친다. 예를 들어, 국가와 정부는 특정 산업을 공기업에 독점하도록 규정할 수도 있으며 업종 전문화 정책과 같이 대기업으로 하여금 몇 개의 산업에 특화하도록 강요할 수도 있다. 반면에 정부는 국가의 발전을 위하여 특정 기업에 대한 보조와 지원도 가능하다. 따라서 기업은 국가와 제도의 제약을 벗어나기 위해서 또는 기업에 유리한 환경의 조성을 위하여 각종의 정치적 과정에 영향을 미치려는 시도를 한다. 국가란 기업에 대하여 일정한 의무를 부여하는 한편 자유로운 활동을 보호하는 역할을 한다.

■ 국가는 기업의 활동결과에 대한 조세의 의무를 부여하고 있으며 조세를 거두어들이는 권

한을 독점적으로 보유하고 있다.

- 기업의 활동, 소비자의 권익 그리고 국가간의 경제적 관계를 규율하는 각종 제도를 운영한다.
- 국가는 고용, 생산, 물가 등 경제의 전반적인 목표를 달성하기 위하여 재정 및 통화금융 정책을 수행한다.

이와 같이 국가는 국가 경제의 관리에 일정한 역할을 함으로써 기업 경영에 영향을 미친다. 국가가 얼마나 많은 세금을 거두어들일 것인가에 관한 의사결정이 기업경영에 미치는 영향은 별다른 설명이 필요 없다고 할 것이다. 서유럽 선진국의 기업들이 높은 세금 부담 때문에 해외로 이전하는 경우를 보더라도 조세정책이 기업활동에 미치는 효과를 짐작할 수 있다. 국가의 경제 활동에 관한 정책 방향도 기업경영에 매우 큰 영향을 미친다.

특히, 기업의 활동과 관련한 경쟁정책, 소비자 보호 정책 그리고 무역 및 외환 정책 등의 변화는 기업의 의사결정에 있어서 중요한 환경변수가 되고 있다. 예를 들면, 정부의 무역 자유화 정책은 국내 시장에 존재하는 경쟁기업의 숫자가 그만큼 증가함을 의미한다.

산업 구조의 변화에 있어서 정부의 역할은 중대하다. 정부의 정책은 기본적으로 정치의 연장이다. 따라서 사양산업이라 할지라도 우리나라의 농업과 같이 산업의 특성에 따라서는 적극적인 보호 정책을 취하게 된다. 반대로 국가의 장기발전을 위하여 꼭 필요한 전략 산업은 정부가 능동적으로 지원하는 경우도 있다. 예컨대, 1970년대의 중화학공업, 1980년대의 자동차산업 그리고 1990년대의 통신산업이 그 대표적인 예이다. 미용 산업도 2009년 국가 경쟁력 강화산업으로 선정된 이후 다각화된 정책속에서 지원책 마련을 위해 구준히 노력해 왔다. 특히 뷰티 제조업 분야의 지원 정책과 맞물려 뷰티 서비스업의 중요성을 피력하고 해외 관광 자원 유치 등 다양한 분야에서의 뷰티 서비스 입지를 높이고 지원책을 마련하기 위해 각종 단체에서도 견해 수렴과 정책 지원을 위해 노력하고 있다. 이러한 경영 환경의 변화의 정보를 우선 득한 업체들은 앞선 지원금을 통해 사업에 지원책으로 활용하는 활동을 지속해 왔으며 이는 경영 환경을 분석하고 정책을 잘 활용하는 미용 기업이라고 할 수 있다.

정부를 장악하고 있는 정당의 성격에 따라 경영 환경은 매우 달라질 수 있다. 정부의 주도적인 역할을 중요시 하는 진보적인 정당이 정권을 획득할 경우 기업에 대한 간섭이 심해지는 것이 일반적이다. 반대로 보수적 또는 자유적 정권의 경우, 정부의 역할을 경제질서를 유지하기 위한 객관적 심판자로서의 기능을 중시하며 기업의 활동에 개입하기보다는 시장의 원리가 원활히 작동할 수 있도록 조정한다.

따라서 미용기업을 운영하는 경영자는 항상 경제정책의 방향과 집권당의 정책방향에 따라 기업의 운영방식을 그에 맞추어 조절할 수 있는 능력이 필요하다.

② 기술적 환경

기술은 우리가 매우 빈번하게 사용하는 용어임에도 불구하고 그 정의를 내리기는 용이하지 않은 개념이다. 기술이라고 하면 대체로 기계, 장치, 생산 라인 등 생산과정을 떠올리게 된다. 그러나 기술이란 이러한 것만이 아니라 기능과 지식을 적용하는 방식, 이론 등을 총체적으로 일컫는 것이다. 따라서 이를 적용하는 인간에 내재하는 지식의 종류와 수준도 역시 중요시해야 한다.

대체로 기술은 외부적으로 주어지는 것이며 기업들은 주어진 기술 조건 하에서 생산 활동을 벌이는 것으로 간주되어 왔다. 그리고 기술은 제품과 생산공정뿐만 아니라 기업 조직의 구조, 종업원의 상호 관계, 개인의 작업성취도 등을 결정하는 요인으로 평가되고 있다. 즉, 기술은 기업활동에 크게 영향을 줄 뿐만 아니라 기업에 종사하는 개인의 소외를 초래하는가 하면, 외부적으로는 시장의 형태에도 영향을 준다는 것이다. 따라서 가장 성공적인 기업은 기술에 가장 합당한 조직을 운영하는 기업이라는 이론이 커다란 설득력을 얻어 왔다.

그러나 기술 그 자체가 기업 또는 경영의 결정적인 요인으로 볼 수만은 없다. 오히려 기술은 시장 상황과 수요 등 환경적 요소에 대응한 결과이며 따라서 선택된 기술은 전략적 선택의 문제로 간주될 수 있다. 경영자들은 현재 사용하고 있는 기술을 작업환경에 적합하게 바꿀 수도 있으며, 특히 기업의 경쟁상의 우위를 점하기 위한 전략의 일부로 사용하는 경우가 많다.

미용 기업처럼 기술적 환경에 민감한 기업들에게 새로운 기술의 발전은 그것을 활용할 수 있는 기업만이 수익을 제고할 수 있게 된다. 미용 서비스업은 무형의 상품이면서도 그 과정에서 유형의 재화들을 활용해야 하는 산업이다. 이를 관리하고 운영하는 측면에서 일반 상품과는 다르게 접근할 필요가 있다. 또한 다른 산업에 비해 인적자원의 기술적인 면이 큰 비중을 차지하고 있어 기술적인 요소를 갖춘 인적자원의 관리가 중요한 산업이라 할 수 있다.

③ 사회, 문화적 환경

사회·문화적 환경(socio-cultural environment)이란 사회를 구성하고 있는 개인의 행위에 영향을 미치는 집단이나, 문화, 가치관, 전통 및 관습 등과 같은 사회제도 및 사회적 태도 등을 말하며, 따라서 앞에서 논의한 여러 가지 환경요소를 포괄하는 성격을 갖고 있다. 그리고 사회·문화적 환경은 사회구성원의 가치관 또는 태도로 집약하여 볼 수 있다. 경제활동을 비롯한 이단의 행동 양식은 사회·문화적 환경의 지배를 받는다. 특히, 물리적으로 격리되어 외부 세계와 단절되어 있을 경우 나름대로 합리적인 가치관이 형성되어 전통으로 내려온다.

동일한 자본주의 경제체제라고 하더라도 서구와 동양은 서로 다른 성격을 띠고 있다. 예를 들면, 개인주의를 기초로 하며 다민족으로 구성된 미국은 계약사회라고 할 정도로 경제주체 간에는 명확한 계약의 관계하에서 거래가 이루어지는데, 유교문화권의 사회에서는 서구와는 달리 형식적은 계약 관계 이전에 상도덕이나 의리 등 신뢰를 우선시하는 경향이 있다. 특히, 우리나라를 비롯한 유교문화권의 가치관은 기업경영의 활동에서도 서구와는 다른 다양한 특징을 보이고 있으며 경우에 따라서는 동서양의 이러한 가치관의 차이가 무역 마찰의 원인이 되기도 한다.

유교문화권은 사회적 구성원리의 시발점을 가족에 두고 있다. 가족, 국가, 우주의 한자 표기는 모두 집이라는 의미를 가지고 있으며 자본주의의 도래에도 불구하고 이러한 가치관은 그대로 반영되고 있다. 가부장에 대한 효의 요구는 그대로 군주에 대한 충으로 이어지며 기업이라는 경제 주체가 도입이 되더라도 유교문화권의 경영자는 기업을 가족과 같이 생각하는 경영가족주의를 그리고 정부에 대해서는 산업보국과 같은 경영내셔널리즘을 발동하여 마치 서구의 사회에서 보면 국가 전체가 하나의 주식회사처럼 보이게 된다.

그 외에도 고용 관행, 거래 관계, 노동관, 경영이념, 노사관계 등에서 전통적인 서구와는 다른 면을 보이고 있는데 한국을 비롯한 아시아의 국가들이 높은 경제 성장을 보이면서 저력을 발휘할 때에는 유교문화권에 대한 재평가 작업이 활발히 전개된 적도 있었다.

오늘날 사회·문화적 환경이 급격히 변동하는 양상을 보이고 있다. 교통과 정보기술의 발전, 그리고 국가 간 경계의 개방으로 시간적·공간적 제약이 해제되면서 문화는 전반적으로 도시화하는 동시에 동·서양 문화가 수렴하는 경향이 나타나고 있다. 이와 같은 변화는 소비문화, 노동자의 근로의식 등에서의 새로운 양상을 초래함으로써 기업경영에 중요한 변수로 작용하게 된다.

또한 여성의 사회진출이 늘면서 가족 단위의 여간 시간의 증대를 가져왔으며, 고령화 사회로의 진행 등의 환경의 변화는 미용업계의 발전과 시장확대를 가져왔다. 이러한 확산 속에 "미"에 대한 다양한 요구와 건강에 대한 욕구도 다양화되어 이에 대한 연구가 계속되어야 한다는 과제를 안고 있다.

④ 국제적 환경

오늘날 경제가 세계화함에 따라 국가 경제는 세계 경제와 분리하여 생각하기 힘든 시대가 되었으며, 세계 경제의 변화가 기업에 미치는 영향이 매우 커지고 있다. 우리가 일상 생활에서 사용하고 있는 각종 제품은 따지고 보면 하나의 국가에서 생산된 것은 거의 없다. 컴퓨터 내부를 한 번쯤 살펴본 사람이면 경제의 세계화가 갖는 의미를 쉽게 이해 할 수 있을 것이다.

경제의 글로벌화는 국가 간의 분업구조의 변화를 의미한다. 예를 들면, 제2차 세계대전 이후 경제적인 최강대국의 위치를 누려왔던 미국은 1970년대 이후 특히 제조업의 쇠락을 경험하였다. 반면에 미국경제는 금융 등 서비스 산업으로 구조변화를 겪었다. 미국을 한 번쯤 가본 사람이면 누구나 알 수 있듯이 미국의 백화점 내에서 미국산 제품을 찾아내기란 쉬운 일이 아니다. 예를 들면, 미국산 텔레비전은 아예 찾아볼 수가 없다. 반면에 미국은 CNN과 같은 뉴스 서비스라든지 영화, 금융산업 등 서비스 산업에서는 아직도 세계 최고의 경쟁력을 자랑한다. 이러한 미국경제의 구조 변화는 세계시장에서 미국이 만들어내는 제품 및 서비스의 국제경쟁력 변화에 기인하는 것이다. 예컨대, CNN 뉴스와 미국영화를 접할 수 있다.

이와 같이 한 국가의 경제적 환경 변화는 세계 시장에서의 변화와 직결되어 있으며 결국 기업의 경영에 중대한 영향을 미치게 됨을 알 수 있다. 예를 들면, 미국 경제의 구조 조정 과정에서 경쟁력 열세를 보완하기 위하여 해외 투자를 고려한다든지, 기술 개발에 대한 투자 조정을 한다든지 등의 기업의 의사결정에 있어서 중요한 배경으로 작용하는 것이다.

세계 경제와 시장의 구조변화는 무역 및 투자 활동에 있어서의 국제적인 규범의 변화를 필연적으로 요구하게 된다. 따라서 경제적 현실의 변화를 반영하는 국제경제 질서의 변화도 기업으로서는 반드시 주목해야 할 중요한 환경적 요소이다. 특히 우루과이라운드 협상과 그 결과로 출범한 WTO 체제, 우리나라의 OECD 가입 등은 기업들에게는 새로운 경영 환경을 조성하고 있다.

WTO 체제는 요약하자면 종래 상품시장의 개방에서 서비스 시장의 개방으로 영역을 확대하고 지적 재산권을 보호하는 등 무역에 관한 국제규율이 한층 강화된 것을 의미한다. 이 같은 변화는 국내 시장에 대한 국가의 보호를 매우 제한하는 결과를 가져온다. 따라서 기업은 해외시장에의 수출 기회가 보다 확대되는 반면에 국내 시장에서 보다 치열한 경쟁에 직면해야 하는 상황을 맞게 되었다.

또한 OECD 가입은 서비스 시장 및 자본시장의 개방을 가져오게 됨으로써, 특히 국내 거시경제적인 환경이 대외부문에 의하여 상당한 영향을 받게 될 것으로 예상된다. 이와 함께 OECD 가입 후 우리나라는 다자간 투자 협정에도 참여하게 됨으로써 외국인 직접 투자가 보다 자유화하는 변화가 발생할 것이다. 이상과 같은 변화는 결론적으로 국내시장에 대한 국내외적 경쟁이 매우 격화될 것임을 예고하는 것이다.

미용 산업 역시 다른 분야와 같이 국경 없는 무한경쟁의 환경에 직면하고 있다. 화장품기업을 선두로 하여 미용 서비스업도 국제화가 가속화되고 있다. 미용 다국적기업들의 사업 방향과 전략은 국내 미용 기업을 경영하는 경영자들에게는 중요한 국제적 환경 요인인 것이다.

(2) 내부환경요인

① 직원

미용 서비스업 중 헤어 미용을 사례로 살펴본 직원의 분류는 아래와 같다.

가. 매니저

미용에 관한 기술적 지식 보유, 미용기업 특유의 경쟁력 있는 시술내용의 완벽한 이해, 디자이너별 개성과 특성에 따른 고객의 연결 능력보유, 정보화 능력의 소지자, 친절과 매너를 갖춘 품성의 소유자를 요구한다.

나. 헤어 디자이너

미적 감각의 소유자(인간의 미에 대한 기초적 감각의 소유자), 헤어를 비롯한 뛰어난 미용기술을 보유하고 있어야 한다. 또한 고객과의 인간적 관계, 시술과 관련한 원활한 의사소통을 유지해야 한다. 스텝의 적절한 활용과 기술 지도를 원만하게 할 수 있어야 한다. 미용기업 경영의 승패를 좌우하는 당사자이다.

다. 스텝

미용기업의 숨은 봉사자이다. 미용산업에 처음 접하는 구성원들로 기술을 지속적으로 배워야 하는 단계의 종사자이며, 이직률이 가장 높은 구성원이다.

② 거래처

거래처는 미용 기업을 운영할 수 있도록 미용 재료와 인력, 그리고 미용 정보를 제공하는 중요한 경영 환경 요인이다. 미용거래처 특히 재료상은 미용 포털 사이트를 가지고 함께 운영하고 있는 경우가 많다. 온라인과 오프라인 사업을 병행하며 미용 사업 분야에서 갈수록 중요한 영역을 구축하고 있으며 실지로 미용 서비스 업장과의 윈-윈 전략을 통해 협업하는 사례도 증가하고 있다.

③ 고객

'고객'이란 미용 기업에서 가장 중요한 부분이며, 미용 기업 존재의 출발점이다. 미용 기업에서의 고객이란 잠재적으로 미용 기업을 이용할 가능성이 있는 사람과, 지금 현재 미용 기업을 이용하고 있는 사람들을 총칭하여 일컫는다. 그러나 고객은 항상 유동성이 존재한다는 것을 염두에 두어야 하며 어떡하면 자기 미용 기업의 단골 고객으로 유치하고 오랫동안 잔류할 수 있도록 하는 것이 매우 중요하다.

④ 경쟁업체

경쟁업체는 지리적 의미의 경쟁자, 시술 종류에 따른 경쟁자, 기술 수준에 따른 경쟁자, 고객들의 인지도 여부에 따른 경쟁자 등 그 종류와 성질에 따라 다양하게 존재한다. 과거의 미용기업들이 벌이던 소모적인 가격 인하 정책 등 비생산적인 경쟁에서 벗어나 새로운 시장을 형성할 수 있는 공동 마케팅 등을 통한 생존 방법을 모색해야 할 것이다. 이제 경쟁은 국내기 업만의 경쟁이 아니다. 이미 국내의 모든 산업이 글로벌화 되어 가고 있다. 이제 자국 기업이 아닌 외국의 거대 기업이 우리의 새로운 경쟁기업으로 다가오고 있는 있음을 인지해야 한다.

⑤ 정부 기관

정부 기관에는 자격과정과 인허가를 다루는 관공서와 자금을 조달하는 금융기관, 또한 세무문제를 다루는 세무서 등이 있다. 이들 정부 기관의 정책 방향이나 시행방법에 따라 기업들의 경영 환경이 변화할 수 있다. 정부 기관 정책을 정확히 파악하여 효율적으로 기업을 경영할 수 있는 경영자의 자세가 요구된다.

2) 미용경영 환경의 변화에 따른 대응 방안

(1) 대응 자세

현재 미용 기업 경영이 처해진 환경을 인식하고 미용경영이 경쟁력을 갖추기 위해서는 다음과 같은 기본적인 자세가 필요하다.

① SWOT 분석

과거 단순한 생계유지나 부업 차원의 미용 기업을 탈피하고, 미용 경영자의 전략적 경영과 마케팅 마인드를 함양하는 것이다. 미용 기업을 시작하기 앞서서 미용 시장 환경을 조사하여 자사의 강점과 약점, 기회와 위협 요인을 면밀히 분석할 필요가 있는 것이다. 그 후 소비자 수요 조사를 통해 고객을 세분화하고, 세분된 고객 중 가장 적합한 특정 고객을 목표고객으로 선정하여, 해당 고객에 차별화 전략을 실행할 수 있는 기본적인 준비가 선행되어야 하는 것이다.

② 고객관리 시스템 확보

미용 경영자뿐만 아니라 미용 종사자(직원)에 대한 경영 및 마케팅 교육의 지속적인 실시가 필요하다. 이제 미용 기업은 미용 경영자이자 시술자인 개인의 미용 시술 능력만으로는 동네 구멍가게 수준을 탈피하기가 더욱 힘이 들것이 자명하다. 고객의 욕구는 매우 빠르게 변화하고 있으며, 자기만의 개성을 대단히 중시하고 있다. 따라서 미용 서비스 제품의 제품 수명 주기가 더욱 단축되고 있어 고객의 변화하는 욕구를 만족시킬 수 있는 미용 서비스 제품과 변화하는 미용 트랜드에 관한 정보를 획득, 공유, 활용할 수 있는 교육 체계가 필요하다. 아울러 미용 경영자 뿐만 아니라 미용 종사자 모두를 대상으로 한 전략적 경영과 마케팅 교육을 통해 올바른 고객 관계 관리를 체득 할 수 있는 시스템이 필요하다.

③ 서비스 경쟁

지역 미용 경영자들끼리 경쟁적인 미용 시술 및 서비스 가격 인하 경쟁을 탈피해야 할 것이다. 우리나라 대기업의 가전업계에서도 운송비를 줄이기 위해 경쟁제품들이 '물류는 공동으로 경쟁은 시장에서'란 말이 일반화 될 정도로 공생적 마케팅의 효과를 보고 있다. 미용업계도 이제는 이웃 미용 기업들과 협력해서 공동광고나 공동 이벤트 등을 통해 비용은 절반으로 경쟁은 서비스로'란 말이 일상화시킬 정도로 공생적 마케팅이 필요하다. 가구점이 한군데 떨어져 있는 곳보다는 가구점이 즐비한 가구 골목을 찾는 소비자의 심리를 파악할 필요가 있다. 이제 미용업계의 경쟁은 이웃 미용 기업이 아닌 프랜차이즈로 밀고 들어오는 외국 미용 기업일 것이다. 그리고 경쟁은 가격 인하의 경쟁이 아닌 서비스의 경쟁으로 전환하는 사고가 필요한 것이다. 미용 고객이 바라는 것은 가격보다는 미용 시술의 만족과 서비스의 감동에 가장 우선한다는 것을 결코 간과해서는 안된다.

④ 직원만족

미용종사자에 대한 처우개선이 필요하다. 우리나라 미용종사자들은 과로로 인한 육체직인 피로, 디자이너나 경영자와의 갈등이나 디자이너나 경영자의 신뢰를 받아 빨리 기술을 습득하고 싶다는 마음에서 오는 정신적인 고통, 최저 생계비에 겨우 육박하는 박봉 등 삼중고'에 시달리고 있는 것이 대부분의 실정이다. 미용 종사자들의 처우를 개선하려는 노력과 명확한 미래 비전을 제시하는 것은 미용 경영자들의 미용실 관리 리더십 중 가장 기본적이며, 가장 중요한 것이다. 비용을 종업원의 인건비에서 절감하려는 미용 경영자는 가장 근시안적인 미용 경영 방법임을 자각해야 할 것이다. 미용 종업원은 미용 경영의 내부 고객인 것이다. 처우개선을 통한 내부 고객의 동기 부여와 만족은 고객 만족과 고객 감동의 출발점이며 미용경영 성과에 큰 영향을 주는 요인인 것이다.

⑤ 정부의 지원대책

미용업계 개별경영자의 노력도 중요하지만 미용업계 전체의 경쟁력을 갖추기 위해서는 정부의 적극적인 지원이 병행되어야 할 것이다. 국내 대기업과 외국 미용업계의 진출은 영세한 대부분의 미용업계의 몰락을 불러올 것이다. 국내 미용업계의 발전과 경쟁력 강화를 위한 적극적인 정부의 지원이 필요하다. 아울러 기술과 기능 주도적인 미용 관련 교육 기관의 교육프로그램의 혁신이 필요하다. 미용 전문 기술과 미용 전문 경영지식을 골고루 갖출 수 있는 교육프로그램의 개발과 실행으로 명실상부한 미용 전문인 육성에 힘써야 한다.

(2) 대응 전략

① 비전 전략

현재 미용 산업의 상황은 미래가 불투명하고 매우 동적이다. 기업의 미래상이 제대로 설정되어 있지 못하다면 경영전략의 효과적인 전개가 될 수 없다. 따라서 종업원들과 더불어 바람직한 비전을 설정하고 기업의 모든 역량을 결합하여 비전 중심으로 경영하는 비전 전략

(vision strategy)이 등장하였다. 이는 미래의 불확실성이 커짐에 따라 경영의 시작을 비전 단계로 높여서 이 단계를 출발점으로 하여 전략적 경영을 하는 경영기업이라 볼 수 있다. 비전 전략의 개념도는 아래 표와 같다. 비전 전략이 각광받는 이유는 여러 가지가 있으나 크게 네 가지로 요약할 수 있다.

- 조직 구성원의 관심을 이끌어 낸다. 자신이 믿는 신념과 결부된 비전의 제시는 구성원들에게 동기를 부여한다.
- 모든 전략적 의사결정과 지침이 비전으로 제시되어 있기 때문에 효과적인 전략적 경영의 출발점이 된다.
- 기업가치와 목표를 종업원과 공유하였기 때문에 조직의 팀워크가 제고되고 구성원 개개인의 역량을 극대화 시킨다.
- 명확한 비전 제시는 조직의 개인 리더의 변화로 조직 전체가 흔들리는 것을 막아준다.

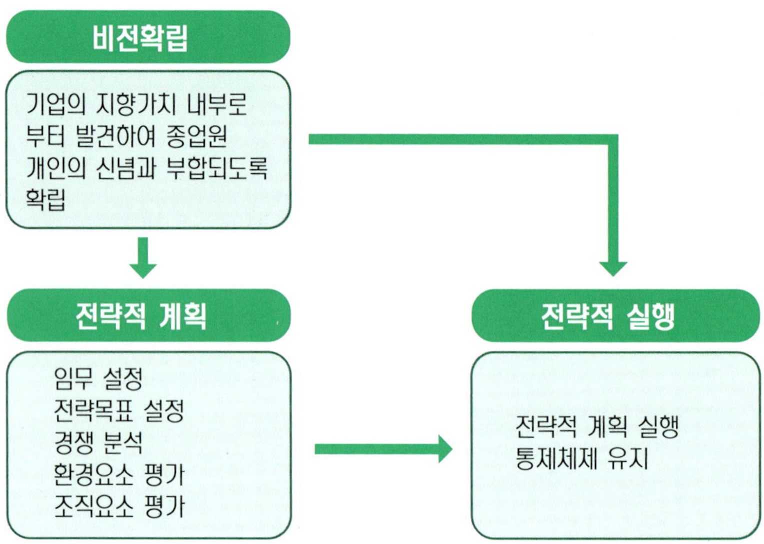

② 핵심 역량 전략 경영

기업의 지속적인 경쟁우위 확보는 기업의 핵심역량(core competence)을 통해야만 가능하다. 예컨대 소니의 핵심역량은 소형화 기술을 기반으로 하는 신속한 신제품 개발이며, 혼다는 엔진기술에서의 우월성이다. 따라서 21세기 기업의 전략 방향은 당연히 핵심 역량 중심이어야 한다.

핵심 역량이란 조직이 보유하고 있는 자원과 조직 구성원의 기술과 지식을 조합하여 기업 활동의 전체 과정 중 하나 또는 몇몇 측면에서 단연 최고 자리를 확보하게 하는 능력을 의미한다. 특허나 상표, 상품 기술, 조직의 유연성, 생산성, 소비자 만족 등은 핵심역량이 빚어낸 결과이지 핵심역량 그 자체는 아니다. 기업의 핵심역량은 아래 표와 같이 다양한 유형 자산, 무형 자산 및 조직 능력에 그 기반을 두고 있다고 볼 수 있다.
따라서, 21세기의 경영자는 조직의 핵심 역량 기반에서 이미 형성된 핵심 역량을 발견하고 아울러 새로운 핵심 역량을 만들어 가면서 경쟁 우위를 지속적으로 확보해 나가는 활동을 하지 않으면 안 된다.

③ 협동전략

서로 다른 조직 간에 협력적 노력을 하는 전략적 경영이 새로운 추세로 등장하고 있다. 이러한 추세는 어떤 문제에 접근하는 방법의 결정에 있어서 서로 다른 조직의 사람들이 공통의 관심사를 가지고 협력할 때 일어나는 협동 전략(collective strategy)으로 일컬어지고 있다.

전략적 경영자들이 자신의 기업의 전략에 대해서 관심을 가질 뿐만 아니라 공통적인 관심사를 가진 기업들의 전략 방향에 대해서도 관심을 두고 필요하면 서로 협력하는 것은 당연하다. 다른 기업의 전략적 경영자들도 위와 똑같은 생각을 가지고 있다면, 협동전략은 기업들 상에서 비공식적 내지 묵시적으로 일어날 것이다.

그러나 협동전략이 활성화 되는 데는 아직 문제가 많다. 거래제한을 위한 경쟁 기업들 간의 결합이나 담합 같은 조치들을 공정거래 위반 차원에서 금지하고 있다. 그럼에도 불구하고 많은 기업들의 협동전략은 전략적 제휴(strategic alliances)로 발전되고 있다.

3) 한국 미용산업의 발전과정

우리나라에서 초기의 미용 산업은 기술 위주의 소규모 사업이었다. 초기의 미용 산업을 주도한 분야는 미용실과 초기 기업들의 화장품 정도였다. 1970년대까지 미용실은 기술직 근로자의 위치 매김을 하는 정도로 주로 생계를 위한 직업으로 인식되었다. 즉, 다른 기업의 시장 형태와 마찬가지로 미용업소의 수가 많지 않고 미용 전문가도 부족했던 초기 시장에서는 미용업이 기술 중심으로 전개되었다.

1980년대 들어서면서 미용 업소가 이용 업소를 앞지르기 시작하였으며 80년대 중반에 이르러 국민 소득 수준의 향상과 소비문화의 팽창으로 미용 업계가 호황을 맞이하기 시작했다. 각종 미용 재료나 기구 등이 개발되고 세미나가 열렸으며 학원들도 번성하였다. 미용실마다 호황을 이루기 시작했고 헤어 미용을 비롯한 피부 미용 역시 일반인들에게 인식되기 시작했다.

이런 추세에 힘입어 미용업소의 규모는 확장되고 시설이 고급화 되었으며 1990년대 초에 이르러 해외 시장 개방과 미용업소의 규모화, 계열화가 진행되었다. 이때부터 미용업소들은 고객 유치 및 확보 문제와 더불어 종업원 관리라는 문제에 봉착하기 시작했다. 미용 업소들은 몇몇 프랜차이즈의 성장, 중소기업을 능가하는 고급 뷰티 살롱들의 자리매김과 더불어 경영의 도입으로 마케팅과 인사관리 등 기업의 면모를 갖추기 위한 시도가 계속되었다.

2000년대에 들어서면서 눈에 띄는 양상은 서비스 기업으로의 발돋움이다. 미용실의 경우 90년대부터 시작된 조직화의 진행으로 인해 전국적 규모의 전문 서비스 기업으로 변신했으며 '박승철 헤어스투디오', '준오 헤어', '이가자 헤어비스' 등 유명 미용실들이 직영점과 프랜차이즈 가맹점을 크게 확장했을 뿐 아니라 체계적인 대기업 형 경영기법을 도입하고 있다. 게다가 경영인을 영입해 본격적인 마케팅 활동과 사업 확장에 나서는 곳도 등장했다.

준오 헤어는 전통 미용 기업에서 전문 서비스 기업으로 거듭나기 위해 2003년 전문 경영인으로 영입했으며 준오헤어코리아라는 주식회사로 거듭났다. 이에 준오 헤어의 경우 최신 마케팅과 고객관리(CRM)기법을 도입하여 '세컨드 브랜드' 창출과 미용 산업에서의 확대를 꾀하였다. 이가자 미용실 역시 '이가자 헤어비스'로 상호명을 업그레이드 한 후 최근 주요 패션쇼와 헤어, 메이크업 쇼 등을 담당한 노하우를 바탕으로 메이크업 제품을 CJ 홈쇼핑에 출시하여 인기를 얻었다. 박승철 헤어스투디오는 '박승철 뷰티 크리닉'을 내놓는 등 사업 다각화로 가장 빠른 사업 확장을 펼치고 있으며 2010년대 들어서면서 미용업계에서는 처음으로 주5일 근무제를 도입하여 종업원의 인사관리에 새로운 바람을 일으키는 등 혁신적인 경영기법 도입에 힘썼다. 이 외에도 2010년대 들어서면서 프랑스 칸 영화제 공식지정 살롱인 '프랑

프로보'가 프랜차이즈를 확장하는 등 해외 브랜드도 국내 시장에 적극 진출 하였고 청담동의 고급 뷰티 살롱들은 외국계 유명 화장품 브랜드와 손잡고 고급 시장을 공략하였다. '박준 뷰티랩'의 경우 국내는 물론 뉴욕, 파리, 런던 등 전 세계 7개 도시에 체인을 가지고 있으며 국외 체인점 매출은 한 달 60억에 달하였다. 이렇게 미용실이 대형화되자 기업들도 미용실을 주요 마케팅 장소로 활용되었으며 장기적인 침체 속에서도 미용 기업만은 살아남았다는 일본의 경우와 같이 우리나라에서도 치열한 경쟁 속에서 미용 산업의 성장세는 지속되었다.

우리나라 미용 산업의 발전을 살펴본 결과 이제 21세기 미용 산업은 문화 산업의 범주 속에서 고부가가치 산업으로 성장한 것을 알 수 있다. 더욱이 'K-BEAUTY' 산업의 대표적인 주자인 뷰티 산업에서 미용 서비스업은 한국인의 기술력을 세계에 알리는 파수꾼 역할을 했으며 전 세계 한국 미용인들에게 자긍심을 심어주었다.

사회, 문화적 흐름을 종합해 볼 때 미용 산업의 긍정적인 전망 요인을 다양한 매체를 통한 소비자들의 인식변화에 따라 다음과 같이 살펴 보고자 한다.

첫째 미용에 대한 일반인들의 인식 변화로 미용에 대한 개념을 기호품이 아닌 필수품 화되고 있다는 것이다. 외모가 경쟁력이라는 인식이 일면서 커리어 우먼들은 퇴근 후 시간을 미용 관리와 휴식이라는 두 마리 토끼 잡기 위해 애쓰고 있다. 밥 먹듯이 미용실에 가야 하고 반찬을 골라 먹듯이 헤어, 네일, 스킨케어 등의 서비스를 받아야 하는 것이 일상사가 되어버렸다. 대부분의 직장 여성들은 스킨 케어를 기본으로 하루 종일 서서 일하는 여성들은 '하체 관리'나 '발 관리'를, 하루 종일 앉아서 일하는 여성들은 '등 마사지'로 하루의 피로도 풀고 몸매도 관리하는 것이다. 이는 여성들의 외모 가꾸기가 이제는 의식주와 같이 기본적인 욕구가 되어버렸음을 잘 보여 준다. 젊은 세대들의 미용에 대한 관심과 노력이 얼마나 일반화되어있는지는 사회 전반에 걸친 미용강좌 열풍에서도 엿볼 수 있다. 일반인들을 대상으로 하는 미용 강좌가 성행하는 것은 물론 최근 대학 내에서도 미용관련 강좌들이 실용 강의로 인기를 얻고 있다. 학교 관계자에 의하면 과거에 학점을 잘 주는 교양과목에 학생들이 몰렸던 반면 요즘은 실생활이나 자신의 앞날에 도움이 되는 강의가 관심의 대상이 된다는 것이다. 즉 요즘 대학생들의 공통된 관심사 중 하나가 바로 외모와 건강에 도움을 주는 미용 강좌라는 것이다. 2010년대를 기점으로 시작된 대학 강의에서 화장품 전문가가 진행하는 미용 특강인 '피부과학 및 기능성 화장품', 향기요법을 소개하는 '향기요법의 세계' 등 미용 관련 강의와 다이어트, 건강에 대한 지식을 알려주는 강의들이 인기를 끌고 있으며 '현대인의 다이어트' 강의가 개설하자마자 수강인원이 몰려 2개 반을 4개 반으로 늘려야했다. 이는 지속적으로 유행하는 '몸짱'이나 '웰빙' 신드롬의 영향이기도 하지만 미용 시장의 고객으로 떠오를 세대들의 미용에 대한 열의와 관심 그리고 더 나아가서는 미용 산업의 예상 고객에 대한 기대를 갖게 한다.

둘째 미용에 대한 고객층의 확대이다. 미용이 젊은 여성의 전유물이라는 인식은 깨어진 지 오래다. 여성의 경우 각 세대별 확산이 눈에 띄고 있으며 남성 역시 이미 미용 산업의 성장 고객으로 등장하였다.

분야별 미용 시장의 확대는 다음과 같다. 2000대의 남성 전용 미용실인 '블루 클럽'에서 저렴한 가격으로 남성 고객을 사로잡았다면 2010년 중반을 지나면서 남성 전용의 이발소를 의미하는 바버샵(Barbershop)이 등장하였으며, 키즈 전용 헤어 살롱 '지아모'는 전문적이고 고가로 엄마들의 마음을 사로잡았다. '지아모'의 경우 헤어 살롱에서 시작하여 향후 패션과 액세서리 등으로 사업을 확장하여 어린이의 패션 코디를 위한 브랜드로의 청사진을 제시하기도 했다. 사회가 고령화로 넘어가는 시점에서 실버만을 타겟으로하는 미용 서비스 업계의 움직임을 기대해 볼 만하다. 이는 화장품에서도 예외는 아니다. 이전의 국내 화장품 회사들이 공략하는 가장 연령이 낮은 메이크업 소비 계층은 20대 여성이었다. 그러나 2010년을 기점으로 새로운 소비 계층으로 1822세대가 주목받고 있다. 이는 10대 후반과 20대 초반을 겨냥한 화장품들로 현재 화장품 회사들의 시장 선점 경쟁이 치열하다. 남성 고객의 경우 청년에서 중, 장년에 이르기까지 각종 피부 관리나 헤어, 두피 관리에 이르기까지 다양한 미용 서비스를 생활화하고 있다. 특히 20, 30대 미혼 남성들은 자신의 외모가 사회생활에 영향을 미친다고 생각하며 외모를 가꾸기 위해 비만 관리, 피부 관리 및 탈모 등 미용 서비스에 투자하겠다는 사람이 늘고 있다. 이는 해마다 다양하게 출시되고 있는 남성 전용 화장품의 시장과 남성 전용 피부 관리실, 탈모 관리 센터의 확대 역시 남성 시장으로의 가능성을 더욱 밝게 하고 있다.

셋째 세계 주요 미용 기업들이 아시아 지역 미용 산업의 메카로 한국 시장을 모델로 하고 있다는 것이다. 이는 우리나라가 아시아 지역에서 미용 산업에 대한 영향력이 크며 매우 전망 있는 시장이라는 판단이다. 세계적인 화장품 회사 '에스티로더' 세드릭 프루베 인터내셔널 사장은 세계 화장품 업계들이 아시아 지역 성장 가능성을 높게 평가하고 있으며 특히 한국을 이 지역 트렌드의 주도 국가로 평가하고 있음을 시사했다. 그는 한국이 '시장'과 아시아 지역 성공을 가늠하는 '척도'라는 두 가지 중요성을 제시하며 한국 시장에서 성공한 브랜드가 중국과 동남아시아에서 동반 성공할 가능성이 매우 크다고 말했다. 또한 한국 화장품 자체의 인지도가 날로 높아지며 2015년 헤라의 쿠션 화장품은 세계적인 브랜드에서 특허를 살 정도로 전세계에서 단품으로 가장 많이 팔인 품목이 되는 기록을 세웠다. 이런 한류에 힘입어 우리나라 미용 서비스 업체가 아시아 지역으로 진출하여 좋은 호응을 얻고 있는 점도 우리나라 미용 산업의 전망을 밝게 하고 있다.

Ⅱ. 마케팅 관리

1. 마케팅의 이해

1) 마케팅의 개념

마케팅이란 시장과 관련하여 발생하는 활동을 의미한다. 마케팅은 기업과 소비자가 각자의 욕구를 충족시킬 목적으로 시장에서 행하는 교환 활동을 뜻한다. 즉, 마케팅은 소비자의 필요나 욕구에 의해 상품 또는 서비스를 생산하여 가격과 유통경로를 결정하고 촉진하여 소비자 스스로 가치와 편익 그리고 만족을 느끼고 구매, 또는 이용하도록 하는 전사적인 기업활동이다. 마케팅의 정의에 관해서는 학자에 따라 상이한 견해를 갖고 있지만, 오늘날 가장 일반적으로 인정되고 있는 것은 미국마케팅학회(AMA : American Marketing Association)의 정의이다. 미국 마케팅학회는 1948년에 마케팅의 정의를 다음과 같이 내렸다.

"마케팅은 생산자로부터 소비자 또는 사용자에게로 제품 및 서비스가 흐르도록 관리하는 기업 활동의 수행이다."

이전의 정의가 마케팅의 대상을 제품 및 서비스로 한정하여 영리 기업만을 대상으로 한 것이었다면 새로운 정의는 아이디어까지 포함시킴으로써 마케팅이 비단 영리 기업에만 국한하는 것이 아니라 공공 기관이나 비영리 조직도 교환 창조의 행위를 하는 한 마케팅의 대상이 될 수도 있음을 암시하고 있다. 그런데 비영리 조직의 마케팅은 영리 조직의 마케팅과 그 내용이 판이하게 다를 뿐만 아니라 각 조직체가 갖는 특수성 때문에 일반화하기가 그리

쉬운 일이 아니다. 따라서 본 장에서 다루게 되는 마케팅은 영리 조직, 즉 기업체의 마케팅을 기준으로 한다.

마케팅에 강한 사람들의 공통점

■ 미래를 예견하는 능력

깊은 관찰을 통한 사물의 특성이나 차이점을 추출하여 유행 등 미래를 예측하는 통찰력

■ 듣는 능력

사람들의 이야기를 잘 듣고 마케팅기획에 반영하는 능력

■ 변화를 읽어내는 능력

수많은 정보에서 필요한 것을 추출하는 능력

■ 아이디어를 구체화시키는 능력

자유롭게 떠오른 아이디어를 심플하게 기획서에 정리하는 능력

■ 설득시킬 수 있는 프리젠테이션 능력

아이디어 그 자체나 작성한 기획서를 상대방이 납득할 수 있도록 프리젠테이션 하는 능력

■ 사람과 일을 조정하는 능력

인재관리 능력과 조정자로서의 능력

■ 새로운 것을 가능케 하는 꿈꾸는 능력

유연한 발상과 재미있는 발상을 하는 능력

2) 마케팅 구성 요소

(1) 필요 및 욕구 (needs and/or wants)

필요(need)란 '어떤 기본적인 만족이 결핍된 상태'를 의미한다. 배가 고플 때에는 음식을 필요로 하는 것을 예를 들 수 있다. 욕구(want)란 '필요를 만족시켜 주는 수단 혹은 방법이 구체적으로 명시된 바램'을 말한다. 즉, 소비자가 배고픔을 느끼고 이를 해결하기 위해 필요로 하는 것은 음식이지만 배고픔을 해결하기 위해 구체회 된 욕구는 비빔밥, 김밥, 빵 등을 먹고 싶은 것이다. 이러한 욕구는 소비자들이 마음먹었던 구체적 행위를 함으로써 해결될 수 있다.

(2) 수요(demands)

수요란 특정 제품들을 구매할 능력과 의지에 의해 뒷받침되는 특정 제품들에 대한 욕구로 정의되어진다. 구매력이 전제가 되고 구매를 하고자 하는 의사가 있을 때 수요가 있다고 말한다. 즉, 특별한 제품을 구입할 수 있는 능력과 의지에 의하여 뒷받침되는 특별한 제품에 대한 2차적 욕구이다.

(3) 제품(products)

제품이란 어떤 필요 및 욕구를 충족시키기 위해 누군가에게 제공되어질 수 있는 모든 것을 의미한다. 광범한 의미에서의 제품 또는 상품은, 욕구나 필요의 만족을 전달해 줄 수 있는 서비스를 포함한 모든 수단들을 말한다.

(4) 가치(value)

소비자의 욕구를 만족시키는 특정제품의 일반적인 능력을 소비자가 예측한 것이다.

(5) 교환 (exchange)

소비자와 기업은 서로 제품과 현금의 교환을 통해 각각의 목적, 즉, 기업의 생존 유지와 소비자의 욕구충족을 달성하게 된다. 소비자가 비빔밥이나 빵을 구매한다는 것은 '배고픔을 해결하고자 하는 욕구'를 충족시키기 위해서이며 소비자는 어떤 욕구를 가지게 되면 곧 그것을 충족시켜 줄 수 있는 대안을 찾기 마련이다. 이 때 소비자들에게 욕구충족의 대안을 제공되는 것이 바로 기업이 생산하는 제품이나 서비스이다. 쉽게 말하면 어떤 사람으로부터 원하는 것을 얻고 그에 따른 대가를 지불하는 것이다.

Tip. 판매마인드 vs 마케팅마인드

■ Product-out [제품중심 사고방식]

▶ 좋은 제품을 만들었으니 잘 팔릴 것이라는 사고방식
- 좋은 물건을 만드는 것만 생각
- 좋은 제품이므로 팔릴 것이라고 생각

■ Market-in [고객(시장)중심 사고방식]

▶ 시장을 조사하여 고객이 원하는 물건을 만들겠다는 사고방식
- 고객이 무엇을 원하고 있는 지 분석
- 고객이 원하고 있는 제품을 생산
- 고객에게 어필하는 판매방법으로 판매

3) 마케팅 사고의 발전과정

(1) 생산 개념

20세기 미국에서 나타난 가장 초기의 마케팅철학으로 제품 및 서비스의 생산과 유통을 강조하여, 그 효율성을 개선시키는데 중점을 둔 것으로 소비자들이 주어진 제품들 중 폭넓게 이용할 수 있고 가격이 싼 제품을 선호한다고 보는 개념이다. 따라서 제품의 효율성을 높이고 이들 제품에 대한 유통망을 확장시키는데 노력을 집중시킨다. 이런 생산개념은 수요가 공급을 초과하는 상황에서 많이 시행되었다. 이때 소비자들은 제품의 장점이 무엇인가보다는 그 제품을 우선 획득하는데 더 큰 관심을 가진다. 따라서 기업은 생산증가에 주력하게 된다. 따라서 생산개념의 시장을 고려해 보면 미용실을 오픈하기만 하면 고객이 찾아와 이익을 주는 시대인 것이다. 따라서 별다른 마케팅 계획이나 전략이 필요 없었다.

(2) 제품 개념

소비자들이 가장 우수한 품질이나 효용을 제공하는 제품을 선호한다는 개념이다. 이때 기업은 보다 나은 양질의 제품을 생산하고 개선하는데 노력을 기울인다. 그러므로 마케팅 활동은 기업의 연구개발부서에서 제품을 개발하고 제조 부서에서 생산하면 제품을 시장에 판매만하는 것이다. 이 개념은 잘못하면 소비자의 본원적인 욕구가 무엇인가보다는 구체화된 욕구와 관련된 제품 그 자체에 집착하는 마케팅 근시를 초래하기 쉽다.

(3) 판매 개념

기업이 소비자들로 하여금 경쟁회사의 제품보다 자사 제품을, 그리고 더 많은 양을 구매하도록 설득해야 하며, 이를 위해 이용 가능한 모든 효과적인 판매 활동과 촉진 도구를 활용해야 한다고 보는 개념이다. 이 개념의 근거는 소비자란 그대로 두면 제품의 존재를 알지 못할뿐더러 알더라도 많이 구입하지 않는다는 것이다. 이 개념의 문제점은 기업이 판매할 수 있는 제품을 만드는 것이 아니라 만든 제품을 판매한다는데 있다. 이러한 구매자 중심이 아닌 판매자 중심의 시장개념에 따라 기업은 판매 자체가 목적일 뿐 소비자의 구매 후 만족 여부에는 관심을 소홀히 하기 쉽다.

(4) 마케팅 개념

기업의 목표달성 여부는 시장에 있는 소비자의 욕구를 파악하고 이들에게 만족을 전달해 주는 활동을 얼마나 경쟁자보다 효과적인고 효율적으로 수행할 수 있느냐에 달렸다고 본다. 마케팅개념이 판매개념과 다른 점은 판매는 제품을 현금으로 바꾸려는 판매자의 욕구에 초점을 둔 반면 마케팅개념은 제품의 생산, 전달 및 최종적인 소비와 관련된 전반적 활동을 통해서 소비자의 필요와 욕구를 만족시키는데 초점을 둔다는 것이다.

마케팅개념을 구성하는 네가지 중요한 요소는 첫째, 고객지향성, 둘째 경쟁의 고려, 셋째 통합적 마케팅, 넷째 수익성이다.

(5) 사회적 마케팅 개념

최근 기업을 둘러싸고 있는 산업, 경제, 정치, 사회적 환경들은 급속도로 변하고 있다. 특히 자원부족, 과잉인구, 교통문제, 환경오염, 소비자피해 등은 경제사회 전반에 걸친 주요 관심사로 부각되고 있다.

Tip. 마케팅 발전 과정

경영활동의 처음에는 '판매'가 존재했다.

⬇

그러나 생산과잉으로 뜻대로 팔리지 않게 되었다.

⬇

생각 끝에 내려진 결론은 '고객이 원하는 제품을 만들어야 한다'는 것이었다.

⬇

고객지향의 마케팅탄생 마케팅이 경영활동의 중심이 되었다.

⬇

마케팅은 발전을 거듭하여 비영리 조직이나 인간관계에서까지 응용하게 되었다.

4) 현대 마케팅의 관리 이념

기업의 입장에서 마케팅 활동을 수행하는 데에는 경영자의 관리 이념 혹은 철학이 기저에 존재하게 되는데, 현대의 마케팅 관리 이념으로는 소비자 지향성, 기업 목적 지향성, 전사적 마케팅 지향성, 그리고 사회적 책임 지향성 등의 네 가지로 집약할 수 있다.

소비자 지향성이란 흔히 고객 중심주의라고도 하는데, 이는 기업의 관점이 아니라 고객의 관점에서 고객의 요구와 욕구를 정의하고 이를 충족시켜 주어야 한다는 것을 말한다. 따라서 기업은 고객에 대한 조사를 통해 고객의 요구와 욕구를 명확히 구명한 후 제반 마케팅 활동을 수행해야만 한다.

기업 목적 지향성이란 기업이 장기적으로 존속 성장하고 기업의 가치를 극대화하며 나아가서 사회에 봉사하기 위해서는 적정한 이익 실현이 필요한데 이러한 이익은 고객만족을 통해 달성되어야 한다는 것이다. 즉 고객의 욕구충족을 통해 경쟁에서 우위를 확보하게 되고 그 결과 기업이 이익을 얻음으로써 고객 만족과 기업 목적, 기업의 이익 실현을 동시에 달성할 수 있어야 한다는 것이다.

전사적 마케팅 지향성(total marketing)은 마케팅 부서를 중심으로 각 부서가 합심하여 고객에게 만족을 제공할 수 있는 방향으로 행동해 나가야 한다는 것이다. 여기에서는 내부마케팅(internal marketing)의 개념이 요구된다. 내부마케팅은 고객에게 충분히 봉사할 수 있는 능력을 갖춘 종업원을 선발하여 교육·훈련시키고 동기부려하는 것이다. 외부마케팅(external marketing), 즉 고객 지향적 마케팅의 실현을 위해서는 내부 마케팅이 선행되어야 하는 것이다.

사회적 책임 지향성은 위의 세 가지를 중심으로 하는 기존의 마케팅 관리 이념에 대한 비판으로 1970년대 이후에 등장한 관리철학인데, 이는 목표시장에서 소비자의 요구와 욕구를 발견하고 이를 충족시키는 것은 물론이거니와 소비자 및 사회 전체의 복지를 보존 고양시키는 방법으로 마케팅 활동이 수행되어야 한다는 것이다.

이러한 이념을 기반으로 해서 마케팅 관리자는 소비자의 욕구를 파악하여 목표시장(target market)을 선정하고, 그 목표시장의 욕구를 충족시키기 위해 기업의 통제 가능한 수단과 방법인 마케팅 믹스 전략(marketing mix strategy)을 결정하는 프로그램의 분석·계획·집행·통제 활동을 수행하게 된다.

2. 마케팅 전략의 수립 절차

1) SWOT 분석 전략

(1) 마케팅 환경 분석

마케팅 전략을 세우기 위해서는 먼저 마케팅 환경에 대한 분석이 선행되어야 한다. 기업이 주위의 환경을 어떻게 판단하느냐에 따라 기업 전체의 활동이 달라진다. 올바른 마케팅 전략을 세우려면 급속하게 변하는 시장의 상황과 마케팅 환경을 정확하게 파악하고 마케팅 전략에 필요한 정보를 수집하고 분석해야 한다. 기업 외부의 환경과 기업 내부의 환경을 적절히 파악한 후 마케팅 환경 분석을 통해 시장의 기회와 위협, 성공요인, 성공전략 등을 도출해 내야하는 것이다.

(2) 고객의 수요와 경쟁환경을 파악하는 외부 환경 분석

외부적 환경에는 거시적 환경, 고객, 경쟁회사 등이 있다. 거시적 환경이란 인구통계, 경제, 사회, 문화, 정치 등 기업의 활동 및 소비자의 구매 행동에 밀접하게 연관되어 큰 영향을 미치는 요소들이다. 인구통계에 따라 신생아의 출생이 감소하는 현실에서는 중장년 및 노년층의 고객의 예상 매출액이 늘어나고, 경제가 활황이면 고급 메뉴의 판매가 증가한다.
마케팅의 목적은 고객 만족이다. 하지만 고객의 욕구는 워낙 다양하고 이에 따른 환경의 변화가 많으므로 파악하기가 곤란하지만 구매 행동에 영향을 주는 요소, 구매 결정 과정, 구매자의 수 등 고객의 구매행태를 분석할 수 있는 몇 가지 기준을 정해서 분석하면 효율적이다.

(3) 기업의 강점과 약점을 파악하는 내부 환경 분석

외부환경 분석으로 시장의 기회나 위협을 포착하게 되면 이 정보를 마케팅 전략에 활용할 수 있는 방안을 모색해야 한다. 외부환경은 기업의 통제가 불가능한 요소로 정확한 분석이 어려울 수도 있지만 기업의 내부 경영 자원은 보다 정확하게 분석해야 한다.

기업이 내부경영자원을 확대해석하게 되면 시장에서 무리수를 두게 되고 축소해석하게 되면 가진 능력으로 최대의 효과를 얻지 못한다. 기업의 인적자원, 조직, 자금, 문화, 제품 등과 같은 내부경영자원을 냉정하고 정확하게 파악하고 분석하여 자사의 강점과 약점을 마케팅 전략에 이용할 수 있어야 한다.

(4) SWOT 분석의 구성요소

마케팅 계획을 수립하기 위한 첫 단계는 상황(마케팅 환경과 자사의 마케팅 능력)의 분석과 예측이다. 상황분석을 위해서는 SWOT 분석 방법이 활용되는 것이 보통이다. SWOT 분석이란 한 기업의 강점(strengths), 약점(Weaknesses), 기회(opportunities), 위협(threats) 등을 파악하는 분석형태의 형태로 아래와 같이 구성된다.

① 강점과 약점

강점과 약점을 평가하기 위해 관리자는 특히 기업이 다른 어떤 기업보다도 더 나은 기업 특유의 능력(자산)을 찾아야 한다.

- 한 기업의 강점 : 특허, 고객충성도, 상대적으로 저가에서 재화 혹은 서비스를 생산할 능력 및 새로운 기회를 추구할 수 있는 자원 등
- 약점 : 높은 원가, 자금의 부족, 잘 알려지지 않은 브랜드 등

② 기회와 위협

기회와 위협을 평가하는 관리자는 특히 마케팅 환경의 각 차원에서 변화를 찾는다. 변화는 전형적으로 매우 중요한 기회가 발생하는 장소이다.

- 기회 : 충족되지 않은 수요 또는 신제품 콘셉트 혹은 기술 등
- 위협 : 새롭거나 더욱 강한 경쟁자, 기업의 활동을 제한하는 새로운 법률, 기업이 제공하는 제품으로부터 고객의 욕구나 기호의 변화 등

[표 2-1] SWOT 분석에 따른 마케팅전략

	강점(S)	약점(W)
기회(O)	**강점-기회(SO)전략** 기회를 활용하기	**약점-기회(WO)전략** 약점을 극복함으로써 기회를 활용하는 마케팅전략을 창출
위협(T)	**강점-위협(ST)전략** 위협을 회피하기 위해 강점을 사용하는 마케팅전략을 창출	**약점-위협(WT)전략** 위협을 회피하고 약점을 최소화하는 마케팅 전략을 창출

2) 마케팅 믹스 전략

마케팅 전략은 마케팅 계획 수립 단계에서 목표시장을 구체적으로 설정하고 목표 시장에 대한 가장 적합한 마케팅 수단, 즉 마케팅 믹스를 개발하는 것을 의미한다. 마케팅 믹스는 마케팅 관리자가 마케팅 활동을 수행하기 위하여 사용하는 도구로 맥카시(J.E. Mccarthy)는 제품(product), 경로(place), 촉진(promotion), 가격(price) 으로 불리는 4개 요소로 구성된다고 하여 4P's로 표현하였다.

① 제품(product)

기업이 고객에게 제공하는 욕구 충족물로 팔릴 수 있는 제품의 개념을 확인하고 결정하는 것이다. 그러므로 여기에는 승용차 냉장고 등과 같은 유형의 제품은 물론 금융, 의료 등과 같은 무형의 서비스도 포함된다. 또한 제품은 제품 그 자체만을 말하는 것이 아니라 상표명이라든지 포장 등도 포함하는 것이라고 할 수 있다.

마케팅 믹스에서 제품의 의미는 마케팅 관리자가 그들의 표적시장에 제공하는 정확한 재화 또는 서비스를 뜻하며 또한 그런 재화 혹은 서비스는 고객을 만족시키기 위해 향상된 많은 방법(포장 또는 라벨링(labeling) 등은 물론이고 색상, 스타일, 편의성 등과 같은 속성에 관한 의사결정도 포함)을 의미한다. 즉 미용 산업에서 미용 제품과 상품, 미용기술과 서비스의 개발 및 관리 등이다.

② 경로(place)

유통경로란 특정제품이나 서비스의 흐름을 돕기 위하여 참여하는 일련의 중간상인 및 매개인으로 이루어지는 통로이다. 아무리 유용한 제품이나 서비스라도 소비자가 원하는 시간과 장소에 없으면 소용이 없으므로 유통경로가 중요하다. 이는 고객의 개발과 유지, 적절한 유통경로의 선정, 시장 세분화 등을 의미한다.

③ 촉진(promotion)

기업이 그 기업이 생산, 판매하는 상품 또는 서비스를 목표 고객들에게 제대로 알리는 기능이다. 광고, 홍보, 판촉, 인적판매 등이 포함된다.

소비자를 대상으로 하는 판매촉진

소비자 판매촉진은 다양한 판매촉진 도구를 사용해서 소비자들이 자사제품을 구매하도록 하는 것을 말한다. 이러한 소비자 판매촉진은 다양한 목적으로 실시된다. 신제품이 출시되었을 때에는 주로 신제품의 시용이나 반복구매를 위해서 사용되고 기존제품의 판매를 늘려 시장점유율을 유지하고자 할 때도 사용된다. 또한 자사 제품의 비사용자나 경쟁제품 사용자들을 유인하기 위해서 사용하기도 한다. 이러한 다양한 판매촉신진략은 기업이 시장에서 차지하는 위치, 제품수명주기, 판매촉진의 목적 등을 고려해서 가장 효과적인 판매촉진 수단을 사용해야 한다.

■ 경품

경품은 다양한 방법으로 제공할 수 있다. 프리미엄이라고 부르는 소비자 경품은 소비자가 제품을 구입하면 다른 물품을 제공하는 것으로 특정 제품의 구매를 유도하는 촉진수단이다. 펌을 하면 소형 트리트먼트를 제공하고, 스타일링제를 사면 여행용 제품을 제공해 주는 등의 방법을 사용한다. 또한 제품을 구입한 고객을 대상으로 추첨하여 경품을 제공하는 방법도 있고 제품을 구입하지 않은 사람이라도 경품행사에 응모한 사람을 대상으로 경품을 제공하기도 한다.

■ 쿠폰(coupon)

쿠폰(coupon), 또는 할인권은 소비자가 특정제품을 구입할 때 할인 혜택을 받을 수 있도록 하는 것을 말한다. 가격에 민감한 제품의 경우 쿠폰은 소비자의 반복 구매를 유도할 수 있고 소비자에게 직접적으로 가격을 할인해주는 효과가 있다. 우편이나 광고지에 넣어서 제공하거나 다른 제품에 끼워넣기도 한다.

■ 견본(sample)

견본(sample)은 소비자에게 소량의 제품이나 시험용 제품을 무료 또는 적은 비용으로 제공하는 것으로 소비자들이 상품을 직접 사용해 보도록 해서 구매를 유도하는 전략이다. 이 방법은 신제품 도입시에 가장 효과적인 방법인데 소비자들이 제품을 직접 사용해보면서 편익을 평가할 수 있다는 장점이 있다. 견본 제공은 다른 촉진활동을 통해 제품의 특성이나 편익을 제대로 전달하기 힘들 때 큰 효과를 거둘 수 있지만 경쟁제품과는 차별화된 편익이 없다면 그 효과를 기대할 수 없게 된다.

■ 특가판매

일정기간동안 가격을 할인해서 판매하는 방법이다. 경쟁업소가 시장에 나왔을 때 시장진입을 저지하기 위한 수단으로 사용되기도 하고 단기적인 매출증가를 위해서도 이용된다.

■ 공개실연(demonstration)

상품의 사용법이나 효용을 소비자에게 직접 보여주면서 소비자의 구매욕구를 자극하는 방법이다.

헤어케어의 경우 고객에게 시연을 해 효과를 보여주어 구매를 유도해 보는 것도 좋은 방법이다.

■ 콘테스트(contest)

각종 콘테스트의 결과로 입상자에게 상품을 제공하거나 일정한 조건이 필요 없는 불특정 다수의 소비자를 대상으로 하며 추첨, 심사 등의 방법으로 상품을 제공한다. 퀴즈 맞추기, 브랜드 짓기, 표어 짓기 등으로 자사제품에 대한 호의적인 감정을 갖도록 하는 방법으로 계절 이벤트, 오픈기념 이벤트 등에 쓰인다.

■ 직원을 대상으로 하는 판매촉진

직원을 대상으로하는 판매촉진은 다양한 판매촉진 도구를 이용하여 직원들이 자사제품을 취급하고 판매에 열성을 갖게 하도록 동기부여를 제공하는 것을 말한다

■ 콘테스트 및 인센티브(incentive)

직원들의 판매의 경쟁심을 자극해서 적극적인 판매를 장려하기 위해 도입한다. 자사제품 판매를 위해 적극적으로 노력해서 판매목표를 달성한 직원에게 그 대가를 제공하는 방식이다.

■ 가격(price)

마케팅 전략을 지원하기 위한 가격수준을 설정하는 것이다.

가격 전략

사람은 자신의 욕구를 충족하기 위해선 그 대가를 지불해야 한다. 이러한 과정에서 고객은 최소한의 비용으로 높은 가치를 얻으려고 할 것이며 서비스 제공자는 제공한 가치에 걸 맞는 정당한 대가, 즉 요금을 받으려고 하게 되는데 이러한 과정에서 구매자와 제공자 상호간에 적절하다고 생각되는 접점에서 거래가 형성되게 되는데 이것이 곧 요금, 가격이다.
고객은 자신의 경험과 정보를 최대한 활용하여 최소비용으로 최대가치를 얻으려고 한다. 이러한 상황에서 마케터는 판매를 활성화 시킬 수 있는 방법은 2가지가 있다. 가치를 유지하는 상태에서 요금을 인하하는 방법과 요금을 고정시키고 가치를 높이는 것이다. 이러한 2가지 방법 중에서 가치'고정-요금인하'는 경쟁자와 차별화하기가 어렵고 경쟁자를 자극하여 시장을 교란시킬 수 있기에 철저하게 준비한 후, 실행에 옮길 때는 신중에 신중을 기해야 한다. 또한'요금고정-가치증대'는 경쟁자의 모방을 어렵게 하고 차별을 극대화 할 수 있는 방법이다.
'가치고정-요금인하' 전략은 단기적으로는 높은 성과를 얻을 수 있으나 경쟁자를 자극하여 불필요한 경쟁을 유발하게 됨으로 장기적으로는 시장 질서를 파괴 할 수 있다는 것에 유념하기 바란다. 즉, 제공자 모두가 함께 힘들어 질 수 있다는 것이다. 원가나 시술과정을 체계적으로 관리하여 경쟁자가 쉽게 모방 할 수 없는 시스템이 구축된 경우에만 장기적인 성공을 보장 받을 수 있다. 미용산업은 다른 서비스 업체들과 달리 시술과정에 투입되는 인력의 수요가 높아 낮은 요금으로 높은 수익을 얻기에는 현실적 어려움이 많다.
'요금고정-가치증대' 전략에는 기술력의 증대, 서비스의 강화, 이미지의 고급화 등으로 경쟁자와 차별화 할 수 있다. 기술과 서비스는 미용사에 의해서 제공되기 때문에 체계적이고 과학적인 매뉴얼(시술+서비스)를 도입하고 지속적인 교육에 의해 높은 성과를 기대할 수 있다. 이미지의 고급화는 인테리어, 기구, 전문유니폼, 인쇄물 등을 고급화하여 가치를 증대할 수 있다. 요금고정-가치증대 전략은 초기 도입에 많은 비용과 노력이 요구된다는 어려움이 있지만 투자대비 높은 성과를 달성할 수 있으며, 경쟁자가 쉽게 모방할 수 없다는 장점이 있다.

[표 2-2] 미용실 마케팅의 4P

일반 기업의 4P	미용 마케팅의 4P
제품(Product)	미용기술, 서비스, 이미지
가격(Price)	미용요금
유통(Place)	입지
촉진(Promotion)	미용기업의 광고 및 홍보

4P는 기업 중심적인 관점에서 보는 것이기 때문에 제품을 소비자가 원하는 것(Consumer), 가격을 소비자가 지불하는 비용(Cost), 구매하는 장소를 소비자의 편의(Convenience), 기업에서 소비자로 전달되는 프로모션보다는 양자 간의 커뮤니케이션(Communication)으로 보는 것이 소비자 중심적인 관점이기에 4P를 4C로 대체하기도 한다.

[표 2-3] 마케팅4P/4C

마케팅 4P	마케팅 4C
제품(Product)	**고객가치(Customer Value)** : 고객이 인정하는 상품의 가치
가격(Price)	**대가(Cost)** : 고객이 지불해도 좋다고 생각하는 가격
유통(Place)	**편리성(Convenience)** : 고객이 구입하기 쉽거나 사용하기 쉬운 것
촉진(Promotion)	**커뮤니케이션(Communication)** : 고객과 기업의 양방향 커뮤니케이션

3) 경쟁우위 전략

기업이 수행하려는 마케팅 전략은 그 기업이 갖는 시장에서의 지위에 의해 제약을 받는다. 시장이 커지고 다양해지면서 경쟁은 점점 치열해지고 경쟁이 마케팅 전략에 미치는 영향이 커졌기 때문이다. 기업은 자사가 어느 위치에 있는지 명확하게 분석한 다음 경쟁 시장에서의 마케팅 전략을 수립해야 한다.

(1) 비용우위 전략

경쟁 시장에서 가격은 가장 중요한 요소로, 가격이 낮은 제품은 기본적인 경쟁력을 갖추게 된다. 결국 비용우위 전략은 경쟁회사보다 낮은 비용을 실현함으로써 경쟁우위에 설 수 있는 기본이 된다. 비용우위 전략은 적극적인 투자로 대량생산에 의한 규모의 경제를 실현하고 시장규모를 확대시키며, 시장점유율을 증가시켜 경험 효과에 의해서 경쟁회사보다 낮은 비용으로 시장에서의 지위를 확보한다는 것이다. 이러한 저비용 구조를 구축하면 보다 높은 이익을 얻을 수 있고 경쟁에 대해 우월한 지위를 갖게 되며 진입장벽이 높아져 경쟁제품이 진입하기 어려워진다.

(2) 차별화 전략

차별화 전략은 자사 제품이 경쟁제품과 다른 점을 만들어내는 것이다. 차별화 전략은 기업이 수행하지만 결국 소비자가 인식해야 한다. 소비자가 인식하지 않는 차별화는 차별화가 아니기 때문이다. 기업은 소비자가 중요시하는 요소를 찾아내 제품에 독특한 특징을 갖게 하여 보다 높은 부가가치를 제공해야 하며 소비자는 이를 인식하고 만족해야만 차별화 전략이 제대로 수행되는 것이다. 차별화는 다양한 부분에서 수행할 수 있다. 브랜드의 이미지, 제품의 기능, 편익, 가격 등을 차별화할 수 있고 서비스, 유통, 등에서 차별화할 수도 있다.

(3) 집중화 전략

집중화 전략은 특정 고객, 특정 제품, 특정 시장 등 한정된 영역에 기업의 마케팅 자원을 집중시켜 경쟁우위를 만들어내는 전략이다. 이 전략은 표적 영역이 작기 때문에 적은 비용으로 큰 효과를 얻을 수 있다. 결국 저비용으로 인한 비용우위 전략과 특정 영역으로 한정한 차별화 전략을 병행하면 좋은 효과를 거둘 수 있다. 그러나 집중화 전략은 집중에 따른 차별성을 부각할 수 없게 되면 그 효과가 떨어지는 단점이 있다.

3. 마케팅의 단계별 과정

1) 시장 세분화와 제품 포지셔닝

(1) 시장세분화

오늘날의 시장은 동질적인 소비자들로 구성되어 있는 것이 아니라 구매동기, 구매능력, 인구 통계적 사회적 문화적 특성이 서로 다른 소비자들로 구성되어 있으며, 이와 같은 시장의 이질성은 문화적 특성의 다양화와 사회구조의 복잡성에 따라 최근 들어 더욱 심화되어 가고 있다. 그리하여 이러한 이질적인 시장에 효과적으로 접근함으로써 경쟁에서의 우위를 유지하기 위한 방안의 하나로 채택된 것이 곧 시장세분화 전략(market segmentation strategy)이라 할 수 있다.

여기서 시장 세분화란 각 시장에 따라서 소비자들의 기호와 욕구가 다르고 그 결과 특정 제품에 대한 수요도 시장에 따라 다를 것이라는 가정 하에서 여러 가지 변수를 이용하여 시장을 마케팅 활동에 유사한 반응을 보일 것으로 예상되는 세분 시장(market segment)으로 구분하는 것을 말한다. 즉, 이질적인 시장을 동질적인 요소별로 구획화하는 과정이라고 할 수 있다. 그러므로 시장세분화 전략이란 전체시장을 각 특성에 따라 여러 하위시장으로 구획화한 다음 자사의 목표·자원·수익이라는 관점에서 가장 유리한 어느 한 시장 혹은 시장군을 선택하여 그에 부합되는 마케팅 믹스를 적용하려는데 그 의의가 있다 하겠다.

시장은 구매자들로 구성되어 있는데 구매자들은 욕구·구매력·지리적 위치·구매태도 및 구매습관에서 서로 다르다. 따라서 이러한 이질적인 기준들이 시장세분화기준으로 사용될 수 있다. 일반적으로 사용되는 시장세분화의 변수로는 지리적 변수 인구통계적 변수 심리묘사적 변수 행동적 변수 등을 들 수 있다.

시장 세분화를 한 이후에 기업은 목표시장을 결정하게 된다. 목표시장의 결정(market targeting)이란 세분시장 중 어느 시장구획을 대상으로 마케팅 활동을 전개할 것인가를 결정하는 것이다. 이와 관련해서 시장의 이질적인 요소들을 고려하지 않고 하나의 제품으로 모든 소비자들에게 소구(appeal)하는 것을 비 차별화 마케팅 전략(undifferentiated marketing strategy), 어느 한 두 시장에 마케팅 노력을 집중하는 경우를 집중화 마케팅 전략(concentrated marketing strategy), 그리고 각 세분화된 시장 모두에 해당되는 제품을 생산·판매하는 경우를 차별화 마케팅 전략(differentiated marketing strategy)이라고 한다.

(2) 제품 포지셔닝

마케팅 전략을 수립하는데 있어서 시장을 세분화하고 마케팅 노력을 집중할 목표시장을 선정했으면 이제는 이 목표시장에서 기업과 기업이 제공하는 제품이나 서비스가 소비자들의 마음 가운데에 확실하게 자리 잡도록 해야 할 필요가 있는데 이러한 절차가 바로 포지셔닝(positioning)이다.

제품 포지셔닝이란 목표 고객의 마음속에 자사의 제품이나 서비스가 경쟁자의 것과 비교하여 차이가 있을 뿐만 아니라 더 가치가 있는 것으로 자리 잡도록 해 주는 활동이다. 결국 포지셔닝이란 자사가 제공하는 제품이나 서비스가 경쟁사와 차별화를 할 수 있을 때 가능하게 되는데, 이와 같은 차별화를 가능하게 해 주는 요인으로는 제품, 서비스, 판매원, 기업이나 상표의 이미지 등을 들 수 있다. 우선 제품차별화(product differentiation)는 제품의 특징·성능·내구성·스타일·신뢰성·디자인 등을 차별화시킴으로써 가능하다.

Sony의 워크맨은 차별화된 제품의 특성으로 인해 전 세계 시장에서 경쟁우위를 구가하고 있다. 서비스도 또한 차별화 할 수 있다. 제품을 인도하는 데 있어서도 신속 정확하게 함으로써 차별화가 가능하다. 예를 들어 철야 배송의 대명사인 페덱스(FedEx)같은 경우는 야간에 배송작업을 해 다음날 새벽 화물을 화주에게 전달해 주는 서비스로 유명하다.

일선에서 제품이나 서비스를 판매하는 판매원을 통해서도 차별화가 가능하다. 잘 훈련되어 있고 유능하며 친절한 판매원이 있다면 이 또한 고객의 마음 가운데에 그 기업을 자리 잡도록 하는 요인이 될 수 있다. 예를 들어 미국의 노드스트롬(Nordstrom)은 대부분의 백화점들이 가격 경쟁력이 다른 형태의 소매점에 비해 뒤떨어지게 되자 문을 닫거나 할인점으로 전환하는 가운데서도, 판매원의 높은 서비스 수준으로 인해 여전히 많은 수익을 올리고 있다. 또한 아시아 외환 위기 이후 대부분의 아시아권 항공사들이 수입을 급감한 가운데서도 싱가폴 항공은 싱가폴 걸이라는 스튜어디스의 서비스로 인해 높은 수익을 올리고 있다.

경쟁기업이 거의 동일한 제품 및 서비스를 제공하더라도 소비자들은 기업이나 상표 이미지에서 차이를 느낄 수 있다. 따라서 많은 기업들이 기업의 이미지를 제고하기 위해 CI(corporate identity) 혹은 BI(brand identity) 작업을 하고 있다. 예를 들어 삼성의 경우는 박세리 선수를 후원함으로써 세계의 소비자들에게 자사의 이미지를 제고시키려고 많은 투자를 하고 있다. 그리고 자동차업계에서는 Volvo는 안전성, Bentz는 품격, BMW는 운전성 등의 이미지로 세계 소비자들의 마음속에 자리 잡혀 있다.

마케팅 환경

마케팅 관리자는 급변하는 환경하에서 이에 적합한 마케팅 활동을 수행함에 따라 기업의 마케팅 목표를 효과적으로 달성하도록 노력을 경주해야 한다. 이를 위해서 마케팅 관리자는 시장의 환경변화를 면밀히 분석하고 이에 대응 가능한 전략을 수립할 수 있어야 한다.

여기에서 마케팅 활동을 수행하는 과정에서 기업이 직면하게 되는 환경을 살펴보면 기업이 직면하게 되는 환경은 통제가능한 요소(controllable factor)와 통제 불가능한 요소(uncontrollable factor)로 구분할 수 있다.

통제가능한 요소로는 기업의 내부환경으로 마케팅믹스의 수단인 가격, 제품, 유통경로, 촉진 등을 들 수 있으며, 기업의 통제 불가능한 요소로는 기업의 외부환경에 해당하는 경제적 정치적 법적 문화적 환경등과 같은 거시적 환경과 경쟁 공급자 소비자 등과 같은 미시적 환경을 들 수 있다. 이들 통제 불가능한 요소들은 마케팅 활동에 기회를 제공할 수도 있는 반면에 위협요인으로도 작용할 수 있다.

따라서 마케팅 관리자는 이들 통제 불가능한 요소가 마케팅 활동 전반에 어떠한 긍정적인 영향과 부정적인 영향을 미치게 될 것인가를 예측하고 이에 대한 효과적인 대응 방안을 강구하는 것이 무엇보다도 중요하다.

2) 전략적 마케팅 프로세스

기업의 내부 및 외부 환경 분석이 끝나면 시장세분화로 표적 시장을 설정하고, 제품을 포지셔닝하여 마케팅 믹스를 결정하는 마케팅 프로세스를 거쳐야 한다. 마케팅 프로세스는 크게 시장세분화, 표적 시장 설정, 제품 포지셔닝, 마케팅 믹스의 단계로 전개된다. 마케팅 프로세스는 다양하게 세분화된 소비자의 욕구를 충족시키기 위해 도입된 마케팅 전략 개념으로, 전략적 마케팅 활동에 필수적으로 거쳐야 하는 과정이다. 먼저 시장을 몇 개의 기준요소를 이용해서 가치 있는 다수의 시장으로 세분화하고, 세분화된 시장들을 평가 분석하여 표적시장을 선정하며, 표적시장에서의 자사 제품과 서비스의 위치를 설정하는 제품 포지셔닝을 한다.

① 시장세분화

시장세분화 단계에는 마케팅 목표에 맞는 변수로 시장을 나눈다. 시장세분화란 비슷한 성향을 가진 소비자들을 하나 또는 몇 개의 집단으로 묶는 과정으로 하나의 마케팅믹스 전략이 가장 효과적으로 적용될 수 있도록 하기 위한 것이다.

② 표적시장 설정

시장세분화가 끝나면 표적시장을 설정한다. 시장이 세분화되면 각각의 세분시장을 평가하고 각 세분시장의 규모, 경쟁자, 자사의 목표나 자원과의 적합성 등을 고려하여 세분시장을 분석한다. 또한 각 세분시장에 대한 기업의 내부 및 외부 환경요소를 분석하여 가장 큰 마케팅 효과를 거둘 수 있는 표적시장을 설정한다.

③ 제품 포지셔닝

포지셔닝 단계에서는 자사나 경쟁사의 제품, 브랜드의 장단점, 소비자의 욕구 등을 고려하여 제품을 표적세분시장에 자리잡아야 한다. 즉 다른 회사의 제품에는 없는 독특한 기능과 편익을 소비자에게 인식시키는 것이 제품 포지셔닝이다. 고객은 탁월한 마케팅 믹스에 의해서 유사제품 중에서 자사의 제품을 선택하기도 하지만 다이어트 콜라, 일회용 카메라 등과 같이 독특한 제품 콘셉트로 포지셔닝된 제품의 경우에는 특별한 마케팅 믹스 없이도 선택하게 된다.

④ 마케팅믹스

시장세분화로 표적 시장을 결정하고 목표 고객에게 자사의 제품을 인식시키기 위한 제품 포지셔닝이 끝나면 마케팅믹스 전략을 세워야 한다. 마케팅 믹스는 제품(product), 가격(price), 유통(place), 촉진(promotion) 등, 4P라고 부르는 요소로 구성되는데 각각의 구성요소는 독립적인 변수가 아닌 상호보완적인 변수이므로 이것들을 잘 조합하여 마케팅 목적을 달성할 수 있도록 일관된 마케팅 전략을 세워야 한다.

3) 시장세분화에 따른 마케팅 전략

시장은 다양한 변수로 인해 세분화된다. 이렇게 소비자들의 행동 특성 따라 구분된 시장에 따라 마케팅 전략도 달라져야 한다. 시장이 세분화되면 표적 시장을 설정한다. 각 시장에 따른 마케팅 전략에는 완전시장세분화전략, 차별적 마케팅 전략, 비차별적 마케팅 전략, 집중적 마케팅 전략 등이 있다.

(1) 차별적 마케팅 전략

차별적 마케팅 전략은 세분화 된 여러 시장의 특성에 맞도록 각각 다른 마케팅 믹스를 만드는 전략이다. 이 전략은 몇 개의 표적 시장을 정하고 각각 차별화된 마케팅 믹스를 적용하게 되므로 다양한 고객을 만족시킬 수 있다. 이렇게 차별화된 시장의 경우 세분 시장의 수가 많아지기 때문에 이에 따른 마케팅 믹스를 수행하기 위한 비용도 증가하게 마련이므로 충분한 자금력을 가지지 못한 기업은 이 전략을 수행하기 어렵다.

(2) 비차별적 마케팅 전략

비차별적 마케팅 전략은 하나의 표적 시장을 설정하고 여기에 하나의 마케팅 믹스를 적용하는 전략이다. 소비자의 행동, 구매동기 등이 비슷하다는 가정 하에 채택하는 전략으로 시장의 가장 평균적인 부분이나 크기가 큰 공통점을 표적으로 삼는다. 주로 표준품을 생산하는 제품전략을 취하고 상표 이미지를 강하게 부각시킬 수 있는 촉진전략을 취한다. 비차별적 마케팅 전략은 차별적 마케팅 전략보다는 적은 마케팅 믹스 비용이 소요된다. 또한 표준제품의 대량생산에 의한 규모의 경제 효과를 얻을 수 있고 이에 따라 경험 곡선에 의한 비용우위를 가지게 되어 경쟁우위를 점할 수 있다. 그러나 표적 시장 내의 목표 고객 모두를 만족시키기는 힘들기 때문에 이 시장이 또 다시 세분되어 다른 경쟁제품이 나타날 수가 있고 이로 인해 시장점유율이 낮아질 수도 있다. 이렇게 되면 새로운 세분 시장에 적용할 수 있는 마케팅 믹스를 개발해서 차별적 마케팅 전략으로 바꿔가는 것도 고려해야 한다.

(3) 집중적 마케팅 전략

집중적 마케팅 전략은 특정 시장에서 전문화된 마케팅 믹스를 수행하는 전략이다. 차별적 마케팅 전략이나 비차별적 마케팅 전략은 전체시장이 대상이지만 이 전략은 특화된 시장에 경영자원을 집중한다. 기업의 자원이 부족하여 전체 시장을 지배하기 힘들 때 선택하는 이 전략은 설정된 시장에 맞는 전문적인 마케팅 믹스로 고객의 욕구를 만족시켜 특정 시장에서 시장점유율을 높일 수 있다는 장점이 있다.

[표 2-4] 시장세분화에 따른 마케팅 전략

	적용
차별적 마케팅 전략	- 각 세분시장이 명확하게 이질적일 때 - 제품수명주기에서 성숙기, 쇠퇴기로 접어들 때 - 제품 관여도가 큰 제품의 경우 - 다양성이 높은 제품의 경우 - 총매출액 증가 및 단위비용 증가
비차별적 마케팅 전략	- 소비자의 욕구, 선호도 등이 동질적일 때 - 제품수명주기에서 도입기, 성장기에 해당할 때 - 밀가루, 설탕 등과 같은 표준적, 보편적인 생활필수품 - 대량생산, 대량유통, 대량광고
집중적 마케팅 전략	- 기업의 경영자원 부족으로 전체시장을 지배하기 어려울 때 - 제품수명주기에서 도입기, 성장기에 해당할 때 - 다양성이 높은 제품의 경우

4. 마케팅 기법

1) 감성 마케팅

감성 마케팅이란 시각, 청각, 후각, 미각, 촉각 등 인간의 5감에 자극을 주어, 즉 소비자의 심리적 감성에 호소하여 매출을 향상시키려는 마케팅 기법의 일종이다. 즉, 감성 마케팅은 소비자의 감성에 어울리는 또는 그들의 감성이 좋아하는 자극이나 정보를 통해 제품이나 서비스에 대한 호의적인 감정을 불러일으키고 소비 경험을 즐겁게 해줌으로써 소비자를 감동시키는 방법이다. 그래서 한 마디로 감성 마케팅은 인간의 심리와 감성을 중요시하는 제품 마케팅이다.

일반적으로 분류되는 체험 마케팅의 5가지 유형이라고 할 수 있는 감각 마케팅, 감성 마케팅, 지성 마케팅, 행동 마케팅, 관계 마케팅 중 감성마케팅은 분명, 브랜드 마케팅 시대의 주역이라고 할 수 있다. 마케팅에 있어 브랜드가 주인공인 이 시대에, 감성은 브랜드의 힘을 극대화시킬 수 있는 아주 중요한 원천이며, 요즈음 사회적으로 대두가 되고 있는 명품 마케팅이 자리를 잡게 된 가장 큰 이유도 이 감성마케팅에서 찾을 수 있다. 특히 뷰티 산업은 감정 산업이라고 불릴 만큼 감성이 중요한 산업이다. 아마 이성적으로 그 제품 가격을 따지면서, 그 브랜드로부터 감성적인 호감을 느끼지 못한다면 그 비싼 값을 지불하고 물건을 구입할 이유가 없을 것이다. 이처럼, 감성마케팅은 예전에는 볼 수 없었던 새로운 구매 패러다임을 만들어냈으며, 브랜드 전략이 가장 중요한 브랜 드마케팅 시대에 있어 가장 우선시되어야 할 브랜드 전략 요소임에는 틀림없다.

전통적인 마케팅에서는 고객을 일방적인 상품 판매를 위한 수단으로 생각하였지만 감성 마케팅에서는 상호 존중해야 하는 동반자로서 생각하고 있다. 또한 고객 개개인은 자신의 개성과 경험을 존중하며 지속적인 좋은 관계를 맺어나가기를 원하고 있다.

초콜렛 향이 가득한 아이스크림 가게, 무지개 빛깔의 스파게티, 페퍼민트향과 라벤더향이 은은히 베어 나오는 양복, 최근 보고, 듣고 냄새를 맡는 등의 오감을 이용, 인간의 감각 또는 감성에 호소하는 마케팅 기법이 늘고 있다. 이것이 바로 '감성 마케팅'이다.

즉, 감성 마케팅이란 눈에 보이지 않는 감성이나 취향을 눈에 보이는 색체, 형태, 소재를 통해 형상화시키는 것이다. 이러한 감성 마케팅의 특징은 자극을 통해 소비자들의 무의식적 반응을 이끌어 내고 이를 매출 증대로 연결한다는 데 있다. 이성에 호소하기보다는 직관과 이미지를 중시하는 감성을 자극하눈 편이 좀 더 쉽고 직접적으로 소비자를 사로잡을 수 있다는 장점 때문에 최근 업계에서는 이러한 감성 마케팅에 주목하고 있다.

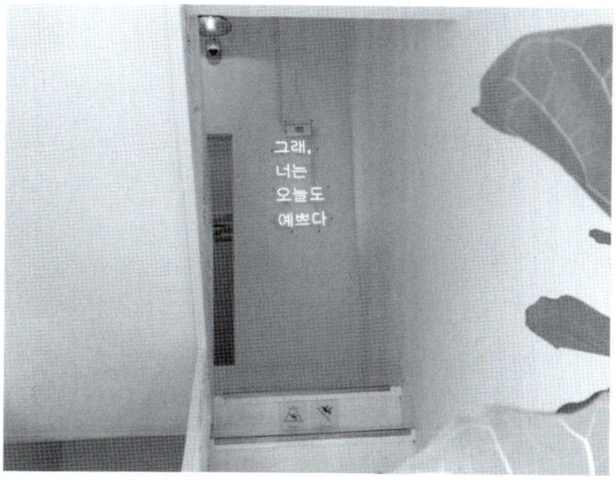

마크고베(Marc gobe)는 "감성 디자인 감성 브랜딩" 에서 감성 마케팅 시대에는 이제까지 개인이 가지지 못했던 감정과 경험에 충실한 "개인화된 관계의 차원"을 고려해야 한다고 말하며 전통적 마케팅 과 감성 마케팅의 차이점을 다음과 같이 설명하고 있습니다.

첫째, 소비자에서 사람으로 변화이다. 이제까지 기업은 소비자를 잘 구슬려 기업이 목적하는 바를 얻어내기 위한 수단으로 간주했다. 또한 기업과 분리되어 정복해야 하는 대상으로 간주하여 전쟁에서나 쓰이는 온갖 전략이나 전술적인 용어를 사용하여 꼭 이겨서 "소비(消費)"를 하는 대상으로 여겼다. 하지만 소비자들이 원하는 것은 "소비의 대상" 이 아닌 사람으로서 존중 받고 개인으로서의 가치를 얻을 수 있는 "사람다움" 이라는 것이다.

둘째, 상품에서 경험으로 변화이다. 백화점에 가면 고객들이 상품을 두고서 다양한 이야기를 하는 모습을 종종 볼 수 있다. 수영복 매장에서는 지난 여름날 바다에서의 즐거웠던 경험이나 의류 매장에서는 누가 이 옷과 똑 같은 옷을 입었더니 예쁘더라는 애기 등 시시콜콜하게 백화점에서는 다양한 이야기가 넘쳐 나오고 있다. 즉 고객은 이제 상품을 구매하기보다는 상품에 담긴 이야기나 경험을 구매하기를 원하고 있다. 고객은 이러한 상품을 구매하므로 자기 자신의 개성을 강조 할 수 있으며, 경험이나 느낌을 충족할 수 있기를 바라고 있는 것이다. 이러한 경험을 우리는 수많은 커뮤니티를 통해 확인하고 있으며 실시간 SNS(소셜 네트워킹 서비스; 온라인상에서 이용자들이 인적 네트워크를 형성할 수 있게 해주는 서비스)를 통해서도 확인되고 있다.

셋째, 아이덴티티(identity)에서 개성으로 변화이다. 고객은 기업이 제시한 아이덴티티를 구매하는 것이 아니라 자신의 감성을 표출할 수 있는 상품을 구매하기를 원하고 있다. 기업이 제시하는 아이덴티티는 고객의 입장에서는 상품을 구매하기 위해서 알아두어야 할 하나의 사항이나 관심에 지나지 않다는 것이다. 고객은 이제 "똑같음의 부여"보다는 개성이라는

"남들과의 다름"를 통하여 자신을 표출하기를 원하고 있다.

넷째, 기능에서 느낌으로의 변화이다. 제품 간의 경쟁이 심해지면서 고객은 품질이나 기능상의 차이점을 못 느끼고 있다. 고객은 제품을 조목조목 따지기 보다는 제품이 전달하는 경험이나 디자인의 느낌 등에 좌우되는 경향이 많다. "충동 구매"라는 말처럼 제품의 주는 순간적인 느낌에 이끌려 구매를 해버리고 마는 것이다. 고객이 받는 순간적인 느낌은 다양한 요소들로 나타날 수 있다. 쇼윈도에 화려한 디스플레이(display)된 웨딩드레스를 보면서 사랑에 대한 감정을 느낄 수 있으며 은은하게 배어나오는 커피향을 통해 편안함을 느낌을 받기도 하고 불량식품을 보면서 옛날 초등학교 시절을 추억에 빠지기도 하는 등 고객은 제품을 통해 다양한 느낌을 공유하고 있다.

다섯째, 커뮤니케이션(communication)에서 대화로의 변화이다. 고객은 더 이상 일방적인 메시지나 정보를 바라지 않으며 자기 자신을 표출할 수 있도록 끊임없이 대화를 주고 받기를 원하고 있다. 정보의 매개체 또한 일방향적인 신문이나 광고보다는 주변의 친구와의 대화나 입 소문에 좌우되는 경우가 많다. 짜임새 있는 서사구조를 갖춘 이야기나 신뢰감 있는 친구와의 시시콜콜한 대화에서 개인의 개성을 표출하기를 바라고 있다.

여섯째, 서비스(service)에서 관계로의 변화이다. 사람은 사회에서 끊임없이 관계를 맺어야 살아갈 수 있다. 그래서 사람을 사회적 동물이라고 한다. 마케팅도 마찬가지다. 마케팅도 끊임없이 고객과의 관계를 맺어야 지속적인 구매를 창출할 수 있다. 그렇지만 고객들이 원하는 관계는 물건을 구매하기 위해서 일시적인 선심이 아니라 좋은 느낌이나 신뢰를 통한 좋은 관계를 유지해 나가는 것을 원하고 있다.

향기 마케팅

감성 마케팅 중 가장 보편화된 것은 후각을 자극하는 향기 마케팅이다. 셔츠, 신발은 물론 최근에는 수신음이 울리면 장미, 커피 등의 향기가 나오는 휴대폰 및 화면 영상에 걸맞는 향이 뿜어 나오는 텔레비전도 개발되어 동시에 복합적으로 여러 감각을 충족시킬 수 있게 됐다. 이 외에도 투명한 페트병에 원색의 강렬한 음료를 담아 시각적 효과를 극대화하는 색깔을 이용한 제품이나 시간대에 따라 다양한 음악을 들려 주는 백화점의 경영 기법, 기분전환에 효과가 큰 멘톨 성분을 함유한 사탕 등 이러한 추세는 이미 우리 주변에 산재돼 있다. 최근 선풍적 인기를 끌고 있는 DDR, 펌프 등도 다채널을 통한 감각적 욕구 충족을 추구하는 현대인들의 구미에 잘 들어맞았기 때문이라는 분석도 제기되고 있다.

고객 체험을 이끄는 요소들은 다양하게 활용될 수 있는데, 사전 마케팅에 해당하는 광고 전단지와 현수막으로부터 시작하여 매장의 분위기를 주도하는 물리적 인테리어는 물론 소프트웨어인 배경 음악과 향기, 고객과의 직접 접촉이 시도되는 종업원과의 만남의 순간까지, 고객은 끊임없는 체험을 통해 최종적 구매를 결정하게 된다.

① 광고전단지

많은 광고 매체가 때로는 소비자에게 짜증을 유발시키기도 해서 혹자는 오히려 광고 과잉이 구매행동에 악영향을 미치지 않을까 하는 우려도 있다. 하지만 많은 실험을 통해 나타나는 결과로는 그 반대다.

많은 광고의 노출이 반복적으로 일어날 때 그 효과는 오히려 소비자에게 익숙함과 친근감을 느끼게 한다는 것이다. 이것을 단순노출효과라 한다.

광고전단지는 쏟아지는 비난에도 불구하고 단순반복 노출 효과 때문에 소비자에게 "인지"라는 효과를 주어 구매행동에 실질적인 영향을 미친다는 것이다.

"눈에서 멀어지면 마음마저 멀어진다."라는 속담이 있다. 즉 소비자에게 친숙한 제품이나 브랜드는 그만큼 강력한 구매력을 갖고 있다는 말이다.

② 직원의 시선

- 고객을 바라보는 행위와 시선의 성격자체는 상대방으로 하여금 요청을 받아들이도록 하는데 긍정적 영향력을 행사한다. 이에 대한 마케팅 측면의 연구 또한 활발하며 여기에 관련된 수많은 표현들이 존재한다. 따라서 이러한 표현들을 재창조해 이것들이 얼마나 고객의 행동에 영향을 미칠 수 있는지를 인지해야 한다.

  "반짝이는 눈빛을 가지고 있다"

  "부드러운 시선이 호감을 준다"

  "명석함으로 빛나는 눈이 매력적이다"

  "바라보는 시선을 나를 믿게 해준다"

  이런 표현들을 듣는다면 분명 성공한 고객 응대 행위라 할 것이다.
- 자신의 대화 상대방을 오래 쳐다보는 사람일수록 자신감이 넘치고 자신에 대한 통제력이 뛰어난 것으로 평가된다는 사실 역시 알아야 할 것이다.

③ 매장의 조명

매장의 조명이 구매행동에 영향을 미친다는 것은 많은 연구결과를 통해 밝혀지고 있다.

- 기본적으로 빛은 인간의 사고와 행동에 큰 영향을 미친다. 특히 밝은 빛은 자극적이어서 사람들로 하여금 활동적으로 만든다. 따라서 그 매장에서 특별히 시선을 끌 필요가 있는 곳은 다른 곳의 조명보다 3배 정도의 조도를 높여 흥미를 유발해야 한다.
- 조명은 그 매장이 어떤 제품을 취급하는지에 따라 고객의 행동에 영향을 주기 위해 각기 다른 분위기를 연출해야 한다.
  - 밝은 조명이 어울리는 매장 : 모든 매장의 출입구, 미용실, 네일샵
  - 부드러운 조명이 어울리는 매장 : 각 매장의 상담실, 피부 관리실, 미용실의 샴푸 코너등

④ 매장의 배경음악

장소와 제품에 적합한 음악은 소비자 행동에 긍정적인 영향을 줄 뿐만 아니라, 소비자의 제품 선택에 강력한 영향력을 미칠 수 있는 점화효과를 가진다. 매장을 운영하는 사람들은 고객들에게 어떤 사항에 대해 특정한 방향으로 결정을 내도록 유도하기 위한 방법으로 매장의 배경음악이 아주 중요한 역할을 하기도 한다. 매장 배경음악에서 가장 중요한 것은 제품의 종류와 판매상황 그리고 고객의 유형에 따라 적절한 음악을 선택해야 한다. 아래의 음악 유형에서 여러 가지 소비행태를 실험을 통해 살펴본 결과들이다.

- 클래식음악은 고가 제품 판매효과가 있다.

사람의 품행은 그 자신의 정신에서만 나오는 것이 아닐 것이다. 매장에서의 클래식 음악은 고객들의 품행을 부드럽게 만드는 것이 분명하기 때문이다. 클래식 음악이나 감미로운 팝 음악은 분명 판매에 긍정적 영향을 미치며, 지불할 용의가 있는 심리적 가격의 문턱을 좀 더 높게 평가한다는 결론이 나왔다. 클래식 음악이 좀 더 섬세하고 품격이 있는 이미지로 연결이 되기 때문에 고객들은 이에 맞추어 비슷한 행동을 취하게 되고, 따라서 보다 고급스럽고 비싼 제품을 선택하게 된다는 것이다.

- 야외매장에서는 흥겨운 음악의 볼륨을 높여라!

큰소리의 음악은 지나가는 사람들의 시선을 집중시키는데 큰 기여를 하였다. 또한 즐겁고 흥겨운 음악을 들은 사람들은 더 오래 그곳에 머물면서 흥미를 유발시켰고, 구매행동에서 실질적인 움직임을 보여 주었다.

- 큰 볼륨은 과잉활성효과를 유발한다.

음악 볼륨이 평균치보다 높을 때가 평균치일 때에 비해 소비를 향상시킨 것으로 나타났다. 이는 남녀가 동일한 수치로 나왔다. 이는 좀 더 큰소리의 음악이 육체적, 심리적으로 과

잉활성효과를 보여 사람들로 하여금 더 소비하도록 한다는 설명이 가능한 것이다. 물론 이 경우에도 모든 매장의 조건이 다 같은 것은 아니다. 소비자가 쉽게 또는 충동적으로 구매할 수 있는 저가의 매장에서 주로 사용하는 방법이다.

■ 제품의 스토리를 연계하는 음악을 택하라!

음악은 소비자의 제품 선택에 많은 영향력을 미친다. 와인 판매점에서 프랑스 음악은 프랑스산 포도주를 사도록 유도하는 반면, 독일 음악은 독일산 포도주를 사도록 유도하는 경향을 보인다. 고급 레스토랑에서 클래식 등 품위 있는 음악을 틀어 놓았을 경우에는 고객들이 보다 비싼 요리를 주문하는 경향을 보였으며 머무르는 시간도 오래 있으면서 그 분위기를 즐기려 하였다.

매장에 따른 배경 음악의 선정 사례

- 헤어 미용실 : 고객의 연령층과 특성에 따라 다르지만 보편적으로 고객들의 생체리듬을 활성화시켜 주는 촉진제 역할을 위해 매장의 밝은 조명과 더불어 경쾌하고 빠른 음악이 유리하다.
- 피부 관리실 : 고객의 마음과 몸을 편안한 상태로 이끌기 위해 가능하면 클래식 등 조용한 음악이 유리하다.
- 외식업소(고급식당) : 분위기 있는 클래식음악으로 추가 오더를 위해 매장에 머무르는 시간을 오래 갖도록 한다.
- 외식업소(패스트푸드점) : 빠른 템포의 음악으로 소화를 촉진시키며 고객의 행동을 빠르게 하여 테이블의 회전율을 높여준다.
- 패션매장 : 흥겨운 댄스음악처럼 활기찬 음악으로 매장 내에 생명력을 불어넣어 생체 리듬을 활성화시켜 구매 욕구를 증대시킨다. 또한 매장의 빠른 진행 측면에서도 유리하다.
- 할인점 : 고객의 상당수가 계획구매보다는 충동구매의 소지가 높다. 따라서 고객들이 오래 매장에 머무를수록 매출이 증가된다. 이 경우는 조급한 마음이 들지 않도록 가볍고 조용한 편한 음악이 좋다.

2) 1:1 마케팅

(1) 1:1 마케팅의 개념

대량생산과 대량매체가 없었던 산업혁명 이전에는 상인들과 소비자가 직접 만나 대화하고 직거래하는 1:1 상거래 내지는 1:1마케팅만이 존재했다. 마케팅에 대한 초점은 시대에 따라 변천해왔는데 50년대의 소비자제일주의 마케팅에서 출발하여 90년대 이후 관계마케팅 또는 1:1 마케팅이 도입되게 되었다.

또한 마케팅 변화측면에서 살펴보면 산업혁명이후 도입된 전통적인 매스마케팅에서 출발하여 타겟 마케팅, 고객지향 마케팅, 리얼타임 마케팅 등으로 변화되어 오면서 고객 지향적, 고객 관계 지향적, 고객 쌍방형 마케팅 기법 등이 도입되면서 1:1 마케팅시대가 열린 셈이다.

진정한 고객만족 경영을 새롭게 제시한 새로운 경영패러다임의 기본을 "개별 고객의 말에 귀를 기울여, 같이 만들어가는 협동 작업"에 두고 "고객과의 1:1 관계를 확립하는 것" 이라고 말한다.

전통적인 대량 마케팅 시대와 1:1 마케팅 시대의 패러다임 변화 내용을 소개하면 아래와 같다.

[표 2-5] 대량 마케팅과 1:1 마케팅

대량 마케팅	1:1 마케팅
고객획득(Customer Getting) 판매·거래(transaction) 판촉 위주(Promotion) 시장쉐어(Marker Share) 제품품질(Quality of Product)지향 자동화(Automation)지향 집중처리 지향 독백(Monologue)형	고객유지(Customer Keeping) 관계구축(Relationship) 고객서비스 위주(Customer Service) 고객쉐어(Customer Share) 고객품질(Quality of Customer) 분산처리 지향 권한위임(Empowerment)지향 대화(Dialogue)형

1:1 마케팅과 유사한 마케팅 전략 개념은 관계 마케팅(relation ship marketing), 데이터베이스 마케팅(database marketing), 고객만족(customer satisfaction) 경영의 부문으로 해석할 수도 있다. 그러나 1:1 마케팅 기법에는 고도의 마케팅 기술이 접목되지 않으면 안된다. 즉 종래의 마케팅 초점은 철저한 고객 지향적 마케팅이라는 점에서 차이가 있다.

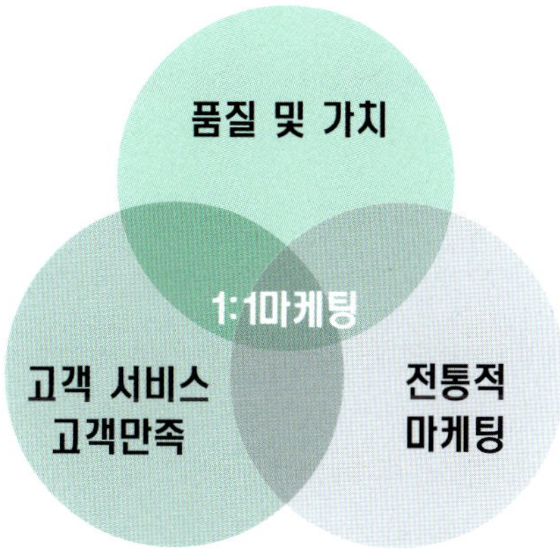

[그림 2-1] 1:1 마케팅의 본질과 관계구도

1:1 마케팅 전략으로 성공한 프랜치 랙스(Franch Rags)

미국 로스앤젤레스의 테네시 애비뉴에 과거 영화 스튜디오 건물자리에 브렌다프렌치(Brada French)가 설립한 맞춤편물 뜨개질 회사인 프렌치 랙스(Franch Rags)사가 있다.
그녀는 1978년 이혼 후 다채로운 색조의 스카프를 집에서 짠 것으로 친구들에게 기본비용에서 조금 더 받고 팔기 시작하여 인기를 얻은 후 상품화에 성공했다. 미국의 블루밍데일스(Bloomingdale's)등 대형 유통사로 팔려나갔다. 스웨터와 재킷, 스커트, 블라우스 등이 주력 상품이었다. 매출은 1978년 16만 8천 달러에서 1989년 800만 달러로 급성장했다.
제품의 특징은 60개의 맞춤색에 알맞은 300가지의 기본 디자인으로 하고 있다. 현재는 국내 전역에 100만개의 판매 컨설턴트 조직이 구성되어 있다. 프렌치랙스가 잘되는 이유는 바로 집에서 판매를 해왔다는 점이다. 프렌치랙스의 모든 상품에는 처음 제작 될 때부터 "주문자의 고객이름 새겨진다. 과거 맞춤 양복이나, 맞춤 y-셔츠에 주문자 이름을 새기는 것과 마찬가지이다. 대량 생산 체제하의 양복과 y-셔츠에 제조회사를 표시한 Brand가 부착되어 있는 것과는 그 의미가 다를 수밖에 없다. 국내에서도 뜨개질 상품을 프랜차이즈화 하여 비교적 성공한 본부도 있다.
손뜨개질 회사인 프렌치랙스사의 사례에서 보듯이 1:1마케팅의 본질과 기존의 마케팅 전략과는 많은 차이가 있음을 알 수 있다. 즉 1:1 마케팅의 전략 구도는 상품의 품질과 가치, 고객에 대한 만족한 서비스, 전통적 마케팅이 믹스(Mix)된 가운데 고객에 대한 고도의 1:1 마케팅이 도입되고 실현된다는 점에 유의해야 할 것이다.

1:1 마케팅을 도입해야 하는 목적은 크게 3가지로 나눌 수 있다.

- 모든 비즈니스 방식과 방향을 고객중심의 업무로 변환되어야 한다. 이제까지의 고객에 대한 개념을 재정립하고 진정한 고객으로부터 출발하는 고객에 대한 새로운 개념이 설정되어야 한다는 점이다.
- 경제 환경과 사회 환경에 맞춘 고객이 원하는 욕구를 지속적으로 반영하기 위해서 이다. 이는 고객이 현재 원하고 있는 상품과 받고자 하는 서비스가 뭔지를 모두 알아내어야 할 것이다.
- 1:1 마케팅은 종래의 매스마케팅과는 개념이 완전히 다른 신개념 마케팅이라는 점을 인식해야한다. 정보화를 이용한 과학적 기법 등이 개발되고 고객의 디지털시대에 맞는 접근 등이 필요하다는 점이다.

1:1 마케팅 전략과 기법은 미래의 전략도, 대기업에서만 가능한 전유물도 아니다. 어쩌면 프랜차이즈 사업처럼 중소기업에 맞는 마케팅 전략일는지 모른다. 1:1 마케팅을 통해 단골 고객을 관리하고 유지하는 것만이 오늘날 경쟁시대를 살아가는 필수전략, 생존전략으로 인식되고 있는 추세다.

(2) 1:1 마케팅의 핵심 전략

- 시장의 점유가 아닌 고객에게 직접 접근하여 고객을 점유(Share of customer, not share of marketing)해야 한다는 점이다. 1:1 마케팅으로 고객을 1:1로 관리하여 고객을 넓혀 가는 것이야말로 진정한 시장을 확대할 수 있기 때문이다.
- 고객과의 지속적 관계를 통해 고객들과 협력(Collaborate With Your Customers)해야 한다. 판매시점에서 사후관리까지 개별고객과의 지속적인 관계를 통해 고객과의 협력을 얻어내어야 한다. 고객의 협조와 협력 없이는 지속적인 영업과 판매의 신장은 기대할 수 없기 때문이다.
- 상품과 서비스의 차별화가 아닌 고객자체를 차별화(Differentiate Customers, Not Just Products)해야 한다. 제각기 원하는 상품이 다르다는 것은 고객의 취향이 제각기 다르기 때문이다. 고객과의 1:1 상담에 의해서 상품과 서비스를 고객에 맞춘 고객차별화를 실시해야 할 것이다.
- 고객을 대화와 제품개발에 참여시켜야 한다.(Engage Your Customers In Dialogue)대

화를 통 해 고객의 정보를 얻어내고, 고객을 통해 상품개발에 반영할 아이디어를 찾아 내야한다. 생산된 제품의 사용자는 회사가 아니고, 개별고객이기 때문이다.

- 고객과의 1:1 마케팅은 고객의 프라이버시를 침해하지 말고, 보호함으로써 이익을 창출해야 한다. (Make Money Protecting Privacy. Not Threatening)고객의 프라이버시를 지켜주는 것은 1:1 마케팅의 생명이기도 하고 프라이버시 유지를 통해서만 진정한 1:1마케팅이 개별고객과 성립되기 때문이다.

고객 맞춤형 1:1 마케팅 사례

국내에 고객 맞춤형 마케팅 개념의 필요성이 인지되던 2000년대에 국내의 갈비배달 전문점 '경복궁 아침'(www.nhkm.co.kr)에서는 일명 스파이더 마케팅(spider marketing)이라 하여, 상품의 직접적인 판매가 이루어지는 본인 매장 외 타 업종의 점포를 주요거점을 확보하고 고객들이 다양한 곳에서 상품을 구매할 수 있도록 타 업종 매장을 대상으로 마케팅 활동을 한다. 즉, 가맹점 상권내의 양념갈비를 취급할 수 있는 업소를 철저히 조사해 가맹점 한 군데에 거미줄 같은 판매 네트워크 망을 설치하는 것이다.
기존 전단지 마케팅의 한계를 뛰어넘어 매출의 폭을 대폭 신장시킬 수 있는 판매 전략으로 현재와 같은 불경기 속에서 가맹점주의 판촉비 부담을 줄이고 동시에 다양한 판매 루트 개척으로 서로의 매출 동반 상승까지 노리는 차별화된 마케팅이다. 경복궁아침 분당점의 경우 오픈 당시 한 달 만에 반찬가게 7군데, 슈퍼 5군데, 갈비집 2군데, 미용실 1군데 등에 위탁계약을 체결, 이들 업소로부터 발생되는 매출이 1500만원이 넘을 정도로 가시적인 성과를 이루었다.
'우피족', '통크족' 이라는 말은 경제적으로 여유롭고 자신들만의 삶을 영위하는 노인들을 일컫는 말이다. 이렇듯 실버 세대가 새로운 소비계층으로 떠오르면서 파스타 전문점 '스파게띠아'(www.spaghettia.co.kr)에서는 한국전통 식재료인 고추장을 소스로 개발한 이색메뉴를 선보여 눈길을 끌고 있다. '고추장 만조 스파게띠'가 바로 그것이다. 스파게티라는 메뉴는 평소 젊은 여성층이 선호했던 음식이었지만 스파게띠아는 한국 전통의 고추장소스를 가미한 매콤한 맛의 한국식 스파게티로 노년층까지 타겟을 확보하겠다는 의지를 보여주는 것이다.
한편, 에스프레소 커피 전문점 '후에버'(WHOEVER)에서는 그들만의 커플 마케팅으로 젊은 층을 사로잡고 있다. 스노우 머신을 이용해 여름에도 눈을 체험할 수 있게 한 눈 체험 마케팅은 이미 그 유명세를 톡톡히 치른바 있다. 이 외에 커플 스트로우는 실용신안등록까지 마친 것으로 두 사람이 함께 빨아야만 음료를 마실 수 있다. 그리고 티어컵(Tier Cup)은 '컵 속의 컵' 즉, 이중 컵을 뜻한다. 이는 하나의 컵에 음료와 푸드를 함께 담아 테이크 아웃 할 수 있도록 한 제품이다. 이 컵은 국제특허를 취득한 것으로 컵 아래에는 음료를 컵 위에는 케익이나 스낵을 함께 담을 수 있어 먹는 재미에 보는 재미까지 고려한 아이템이다. 커플스트로우나 티어컵은 특히 커플들에게 선풍적인 인기를 끌고 있어 커플마케팅의 효과를 톡톡히 보았다.

3) 구전 마케팅

구전마케팅은 소비자 혹은 그 관련인의 입에서 입으로 전달되는 제품, 서비스, 기업이미지 등에 대한 말에 의한 마케팅을 말한다. 사람들이 알게 모르게 이야기하는 입을 광고의 매체로 삼는 것이다. 기업들이 경비절감에 나서면서 어느 마케팅전략보다 시간, 인원, 비용 등이 절약되는 구전 마케팅에 대한 관심이 여전히 지속되고 있다.

구전마케팅의 기본 원칙은 전체 10%에 달하는 특정인의 공략이며, 90%의 다수 소비자는 10%의 특정인에 의해 영향을 받게 되므로 기업들은 10%의 특정인의 전달자를 공략한다.

특정인에게 무료 샘플을 보내거나 기업들이 무료체험, 시공, 시음과 같이 소비자로 하여금 상품을 실제 써보고 품질, 성능을 파악해보게 하는 체험형 판촉도 구전마케팅 효과를 노린 것이다. 구전 마케팅은 온라인과 오프라인에서 모두 그 효력을 발휘하고 있으며 실시간 소통이 가능한 SNS 마케팅의 파급력으로 인해 더욱 중요한 마케팅 기법으로 자리잡고 있다.

구전마케팅 사례

하이트(HITE) 맥주 첫 출시 당시에 사례이다. 만년 2위의 설움을 겪고 있던 조선맥주는 3년간의 품질연구와 철저한 시장조사 그리고 차별화된 마케팅에 의하여 하이트 맥주를 탄생시켰다. 제품개발과 마케팅 초점은 당연히 소비자에게 집중되었고 그렇게 개발된 제품이 소비자에게 줄 수 있는 효용 가치를 극대화시키기 위한 마케팅 전략은 시나리오대로 진행되었다. 현재 월 550만 상자 이상이 팔려나가고 있지만 출시 첫날에 겨우 13만 상자가 판매 되었다. 당시로서는 런닝 초기에 13만 상자도 매우 성공적인 판매실적이었지만, 제품개발과 마케팅에 투입한 노력과 당시의 환경보호 운동, 식음료에 대한 위생문제로 사회의 제반여건을 고려하여 '지하 150m 100% 암반천연수로 만든 순수한 맛의 HITE맥주'라는 맛에 직접적인 영향을 미치는 주요 속성에 소구한 제품 컨셉에 비하면 기대수준에 미치지 못하는 실적이었다. 또한 HITE맥주는 소비자에게 주는 효용가치의 차별성을 고려하여 기존맥주보다 약 20% 고가로 가격전략을 수립하였는데 막대한 광고선전과 홍보, 판촉물의 투입에도 불구하고 가격저항감이 예상외로 강해 판매증대에 어려움이 있었다.

우수한 제품과 막대한 판매비 지출에도 불구하고 판매가 확산되지 않고 있는 현상과 하이트 맥주에 대한 가격 저항감을 극복하기 위한 새로운 방안이 하이트 맥주의 마케팅에 추가되었다. 즉 구전 마케팅 방법에 의한 제품 신뢰도 구축방안과 고가의 맥주지만 충분한 소비자 효용가치가 있다는 사실을 전달하기 위한 방안이었다.

1단계 방법로 당시 품질 자체와 브랜드 컨셉만으로도 충분하게 차별화 요소가 있었기 때문에 많은 소비자가 직접 시음을 할 수 있는 기회가 있어야 한다고 판단하고 주요 거점지역에서 짜임새 있고 특색 있는 대규모 시음 캠페인을 전개하였으며, 중산층이 밀집해 있는 전국의 아파트를 중심으로 하이트 맥주 2병, 제품 소개 팸플렛, 오프너, 컵이 들어 있는 팩 케이스를 제작하여 각 아파트를 돌며 무상으로 배포하였다. 그 결과 팩 케이스를 무상으로 받은 소비자는 100% 암반 천연수로 만든 맥주라서 맛이 좋다는 등의 각가지 격려의 전화가 왔고 받지 못한 사람들은 왜 자기 집은 무상으로 주지 않느냐는 항의성 전화 등도 걸려 왔다. 이런 효과를 하이트 맥주의 체험 마케팅과 구전 마케팅 방법은 충분히 효과를 발휘하였다. 2단계로는 중산층이 모여 사는 대규모 아파트 단지 입구에서 하이트 팩 케이스를 승용차를 타고 오는 소비자에게 무상으로 전달하였다. 그러자 자동차가 없는 아파트 주민들의 거센 항의를 받기도 하였지만 이러한 방법은 소비자들 사이에서는 "하이트 맥주 마셔 봤니? 100%암반 천연수라 맛이 좋다! 너도 받았니?" 라는 반응과 화제성으로 소비자의 흥미와 관심을 유발할 수 있었고, 맥주를 시음한 소비자들에게 맛에 대한 만족과 품질에 대한 신뢰를 심어주기에 충분하였다.

1, 2단계 방법이 효과가 있다고 확신한 후, 3단계 방안으로는 샤워효과를 고려하여 오피니언 리더급 인사 30,000명에게 하이트맥주를 무상으로 택배, 배포하여 하이트맥주에 대한 호의적인 여론을 조성하였다. 미국에서 조사한 자료에 의하면 소비자 1인이 통상 3명의 주변인에게 영향을 미친다고 한다. 이는 기하급수적으로 늘어나게 되는 것을 고려하면 그 효과는 대단한 것이다.

이러한 방법으로 관심을 유발하여 하이트 맥주에 대한 인지도와 선호도를 높여 나갔으나, 판매량으로 바로 연결되지 않았는데, 그 이유는 유통 문제로 귀결되었다. 1등 브랜드를 가지고 있지 못한 조선맥주는 유통력이 부족하여 최종 소비처인 소매점과 수퍼에 하이트 맥주가 출시되었음에도 불구하고 점주의 이해 부족과 변화에 대한 두려움으로 진열하기를 꺼려하는 경향이 매우 강하여 소매 점주에 대한 별도의 마케팅이 요구 되었다.

하이트 맥주는 유통력 열세를 만회하기 위하여 국내 주류 역사상 처음으로 주부사원 조직인 마케팅 레이디를 조직하여 소매점을 집중 공략하였다. 마케팅 레이디는 자기 업무 영역 내에 있는 소매점을 직접 방문하여 점주에게 하이트 맥주의 우수성과 소비자의 선호 수준 등을 반복하여 홍보하도록 하였고, 하이트맥주의 모든 임직원과 그 가족들도 집 주변의 슈퍼마켓에 몇 달간 밤새도록 구전을 통한 판촉에 집중하여 출시 3개월 만에 50만 상자가 판매되면서 서서히 판매량은 증가하기 시작하였다.

이 방법 외에도 가정에서 맥주의 주구입자는 주부라는 사실에 착안하여 전국 주부 에어로빅 대회를 개최하였고, 대학교 축제 때는 하이트 열전이라는 코너를 마련하여 대학생과 함께 어울리는 자리 등을 마련하여 소비자가 직접 참여하고 그 사실을 주변에 알릴 수 있는 기회를 제공하였다.

하이트 맥주에서 활용했던 구전마케팅 사례의 성공 이유는 첫째, 본질적으로 제품이 우수하였기 때문이었다. 제품이 우수하지 않았다면, 아무리 좋은 구전 마케팅 방안이었더라도 재 구매율이 높지 않을 것이기 때문이다.

둘째, 진실성이다. 하이트 맥주와 구전 마케팅내역이 동일하지 않고, 허위 과장된 내용이라면 소비자에게 외면당할 것이 때문이다.

셋째, 차별화된 구전 마케팅 방안의 개발과 치밀한 전략이 선행되어야 한다. 남이 해서 성공했다고 무조건적으로 따라서 하는 것은 효과적인 측면에서 차이가 있을 것이다. 시장상황과 제품성격, 소비자 성향 등 제반 요인을 고려한 적절한 구전 마케팅 방안을 시행하여야 할 것이다.
구전은 고감도일수록 파급효과가 크다. 질량과 낙차가 커야 발전 용량이 많이 나오는 것과 같은 이치라 할 것이다. 하이트 맥주는 세계최초로 "지하 150m 암반 천연수"라는 차별화된 고감도 컨셉과 세계 최초 맥주분야 인디케이터인 "온도계 부착"등이 맥주분야에서 새로운 정보이기에 그 구전효과가 더욱 있었다고 할 수 있다.

4) 인터넷 마케팅

(1) 인터넷 마케팅의 정의

인터넷 마케팅이란 컴퓨터의 네트워크로 생겨난 사이버스페이스라는 가상 공간속에서 기업과 소비자가 쌍방향 커뮤니케이션을 통하여 광고, 이벤트, 정보제공 등의 제반 마케팅 활동을 수행하는 것 이라고 말한다. 인터넷이 각광받는 이유는 불가항력적인 제약으로 남아 있던 시간과 공간의 제약에서 벗어날 수 있게 해 주는 전자적인 장으로써 인간들의 오랜 욕구를 충족시켜 주는 수단이기 때문이다. 또한 전 세계에 펼쳐져 있는 소유자 일인에게만 국한되어 사용되던 PC를 정보토론장, 정보제공자, 의견개진장 등의 하나의 영역으로 만들어 주는 인터넷은 소비자들로 하여금 정보에의 접근, 흡수, 확산 등을 선택적으로 하게 만들었으며 이에 따른 사회 전반에 걸친 영향은 막대하다.

(2) 인터넷 마케팅의 특징

① 쌍방향 마케팅(interactive marketing)

쌍방향 마케팅이란 비디오 게임, TV홈쇼핑에서부터 CD ROM, 온라인 서비스, 쌍방향 가판대에 이르기까지 쌍방향 매체를 이용한 마케팅을 '쌍방향적'이라고 할 수 있다. 쌍방향 마케팅의 발전은 컴퓨터 통신, 인터넷 등의 발전과 그 궤도를 같이한다. 마케팅 업무는 세가지 점에서 쌍방향성과 밀접한 관련을 갖고 있다. 기업의 제품과 서비스를 고객에게 소개하는 일, 고객에게 브랜드를 인지시키고 선호하도록 만드는 일, 물건을 주문받고 팔기 위해 고객에게 신뢰를 주는 것 등이다. 쌍방향성은 보통 제품 및 서비스에 대한 문의 등과 같은 고객의 행위를 필요로 한다.

② 관계마케팅

관계마케팅이란 기업이 소비자는 물론 하청업체, 오피니언 리더, 정 부 등 각종 이해집단과 돈독한 관계를 유지함으로써 기업과 외부환경이 공존공생하자는 것을 이념으로 삼고 있다. 관계마케팅이 고객에 대한 사후관리를 중시하는 것도 하나의 특징이다.

관계마케팅은 기업 뿐 만 아니라 고객에게도 이익이 된다. 고객이 지속적으로 일정한 수준의 서비스를 제공받기 위해서는 관계지향적인 단골고객이 되는 것이 바람직하다. 이럴 경우에 고관여 서비스가 가능해지기 때문이다. 예를 들어 개인적으로 중요하고, 품질이 변동성이 강하고, 복잡한 고관여 서비스에 속하는 의료서비스, 금융서비스, 머리손질 등과 같은 서비스를 원하는 고객은 지속적으로 동일한 서비스제공자와 관계를 맺기를 원한다. 이때에는 전향적이면서도 개별적인 서비스를 받을 수 있기 때문이다. 이와 같이 관계마케팅은 고객의 입장에서도 위험을 줄일 수 있는 혜택이 있으며 아울러 1대 1의 인간적 관계형성이라는 사회적 이익을 얻을 수도 있다.

관계마케팅의 기업측면에서의 이점

관계마케팅의 발전이 가속화되는 것은 관계마케팅이 가져다 주는 재무적인 효익을 점차적으로 인식하기 시작했기 때문이다. 기업측면에서 관계마케팅의 이점은 다음과 같이 두가지 경제적 배경을 기초로 하고 있다.

■ 신규고객 창출이 기존 고객유지보다 더 비싸다.

Rosenberg와 Czepiel(1984)은 한사람의 신규고객을 유치하는 것이 기존고객 한사람을 유지시키는 것보다 5배 내지 10배 더 많은 비용이 소요된다고 주장하고 있다. 산업이나 기업에 따라 차이는 있겠지만, 신규고객을 끌어들이는 것이 돈이 많이 드는 일임에는 틀림없다. 하나의 예상고객을 고정고객으로 전환하는데는 일반적으로 판매비용, 커미션, 판촉비용, 신용조회 비용, 데이터베이스 비용과 같은 직접비용 뿐만아니라, 고객유치율이 저조함에 따라 기업의 마케팅 노력이 헛되이 사라

짐으로써 발생되는 비용까지 고려한다면 신규고객 창출전략은 고비용 저효율의 전략이라고 할 수 있다.

Reichheld와 Sasser(1990)는 고객유지(customer-retention)에 따른 성과를 조사하면서, 고객 한사람에 대한 판매와 이익이 관계지속정도와 관련이 있는가를 알아보기 위해 산업추세분석을 실시하였다. 조사결과 고객과의 관계가 장기적으로 지속될수록 고객의 만족이 증가되어 더 많은 구매를 하게 되고, 구매의 증가는 경험효과에 의한 운영비의 감소로 이어지고, 결국 고객과의 장기적인 관계는 더 많은 이익을 실현시킨다는 것이다. 예로 신용카드 산업의 경우 신규고객 한사람를 확보하는데 평균 $51가 소요되지만, 이익은 첫해의 $30에서 점차적으로 $42, $44, $49, $55로 매년 증가한다고 주장하였다. 또한 Hesktt et al.(1994)은 고객의 평생가치를 강조하면서 한사람의 피자고객으로부터 평생 벌어들이는 수익이 $8,000이고, 캐딜락 소비자의 경우 $332,000정도 된다고 한다. 이와 같이 관계마케팅은 고객의 평생가치를 중요시하고 있다. 다시 말해서 거래지향적 관점의 마케팅에서는 판매가치나 단일판매로 얻어지는 이익에 관심을 기울이지만, 관계지향적 관점의 마케팅에서는 고객간의 장기적인 관계에서 얻어지는 수익이나 공헌도를 강조한다.

■ 기업과 고객이 오랫동안 관계를 지속할 수록 쌍방에게 모두 이익이 된다.

즉 고객유실율을 감소시킴으로써 많은 이익을 얻을 수 있다는 것이다. 유실율이 감소할수록 고객관계의 평균수명이 증가한다. Reichheld와 Sasser(1990)에 따르면 카드산업에서 고객유실율을 20%에서 10%로 감소시켰을 때 고객과의 평균 관계수명은 5년에서 10년으로 2배증가하고, 고객의 가치는 $134에서 $300로 2배이상 증가한다는 것이다.

고객유실은 현재의 거래관계에서 얻고 있는 이익은 물론 미래에 실현화하게될 이익에도 영향을 미친다는 것이다. 이런 이유로 기업은 관계이탈이나 종결(termination)의 근본원인 규명과 관계회복 프로그램의 개발이 중요하게 된다.

관계마케팅의 고객측면에서의 이점

고객은 기업의 경우처럼 관계마케팅에 대한 필요성이 절박하지 않다. 다시 말해 과연 고객이 기업과 장기적인 관계를 유지하고 싶어하는가하는 것이다. 사실 몇몇의 경우를 제외하고는 고객이 기업이나 종업원과 장기적인 관계 내지 제휴를 절실히 원하고 있다는 증거를 찾기 힘들다. 일반적으로 정기적 구매가 필요한 제품이나 서비스중에서 고관여 제품이거나 품질의 변동이 심하고, 복잡한 것일 때 소비자는 관계마케팅의 필요성을 인식하게 되는 것으로 알려져 있다. 기존연구에서는 소비자가 관계마케팅에서 얻을 수 있는 효익을 크게 4가지형태로 제시하고 있다.

■ **경제적 효익**

경제적 효익은 다시 금전적 효익과 비금전적 효익이 있는데 금전적 효익은 장기간 거래할 경우에 가격할인 혜택이나 덤으로 제공받는 사은품등이 그 예가 된다. 비금전적 효익으로는 새로운 거래처를 개발하는데 소용되는 시간과 새로운 환경에 적응하는데 소요되는 학습비용등을 들 수 있다.

■ **심리적 효익**

기업이나 종업원에 대한 신뢰, 제품이나 서비스 제공자를 잘못선택함으로써 발생될 수 있는 위험을 제거함으로써 가질 수 있는 자신감등이 그 예가 된다.

■ **사회적효익**

제품이나 서비스제공자와의 인간적인 교감을 통하여 얻게 되는 친밀감, 일체감 등이 여기에 속한다.

■ **고객화 효익(customization benefit)**

이는 지속적인 교환관계가 이루지면서 제품이나 서비스 제공자가 개별 고객의 취향에 맞추어 서비스를 제공하는 것을 말한다. 이런 예로 비관계고객에게는 제공되지 않는 특별대우, 주문된 제품, 특별한 관심등이 있다.

이러한 관계마케팅에서 얻을 수 있는 효익중에서 심리적 효익(위험감소)이 가장 중요하면서도 자주 느끼는 효익으로 나타나고 있고, 개인적인 친분등의 사회적 효익은 그 다음으로 중요한 것으로 조사되었다. 또한 경제적 고객화 효익은 그 중요성이 다소 낮은 것으로 밝혀졌다.

관계마케팅의 성공은 기존고객과의 관계를 어떻게 유지시킬 것인가 하는 것이 하나의 관건이 된다. 즉 고객 유실율(customer defection rate)을 어떻게 낮추는가 하는 것이다. 우선 고객들이 거래선을 바꾸는 근본적인 원인을 찾아야 한다. 일반적으로 생각하기에는 기존 판매자로부터의 제품이나 서비스가 만족한다면 로얄티가 형성되어 지속적인 교환관계를 유지할 것이라고 볼 수 있지만, 고객만족만으로 충성스러운 고객이 되는 것이 아니라는 것이다. 고객이 기존의 판매자나 기업에 대한 불만족으로 인해 다른 대안을 선택하기도 하지만, 만족하고 있더라도 거래선을 바꾸는 경우도 있다는 것이다. Sant(1997)는 기존 판매자나 거래자를 바꾸는 소비자을 크게 두 가지 범주로 나누고 있다. 하나 '푸시(push)'하는 경우인데 이는 불만족한 고객이 다른 대안을 찾아가는 것을 말한다. 이에 반해 '점프(jump)'하는 경우는 만족하고 있는 고객이 더 나은 대안 즉 더 싼 제품, 품질이 더 좋은 제품이나 서비스를 선택하는 경우를 말한다.

③ 데이터 베이스 마케팅

데이터베이스 마케팅은 컴퓨터의 고도의 데이터 처리능력을 이용하여 기업이 고객과의 1대1의 인간적인 관계를 구현하는 마케팅 수법이다. 이와 같은 다이렉트 마케팅을 가능하게 하기 위해서는 우선 소비자에 관한 데이터가 갖추어져 있는 것이 필수조건이다. 기업은 컴퓨터에 고객, 즉 소비자의 생일, 출신지, 직업, 가족구성 등 각종 인구 통계학적 정보를 모두 입력하여 두었다가 그 데이터베이슬 활용하여 직접 상품을 판매한다. 이처럼 데이터베이스를 이용하여 기업은 몇 천, 몇 만이란 고객 한 사람 한사람이 개인적인 내용의 다이렉트 메일을 발송할 수 있다. 원래 데이터베이스 마케팅이란 다이렉트 마케팅이 발전하여 생긴 마케팅 형태이다. 컴퓨터 및 컴퓨터 소프트웨어의 발달에 크게 힘입었다고 할 수 있다. 컴퓨터를 사용하여 고객의 데이터베이스를 유지, 관리하며 일단 발송한 메시지에 대하여 고객이 어떤 반응을 보였는가를 언제나 기록하고 있기 때문이다. 이렇기 때문에 관계마케팅 또는 1:1 마케팅이라고 불리기도 한다.

(3) 인터넷 마케팅의 장점

■ 공간적인 제한이 없다.

사무실 안의 컴퓨터 한 대 만으로 국내는 물론이고 전 세계를 상대로 마케팅 활동을 벌일 수 있다.

■ 시간적인 제약이 없다.

24시간 계속해서 자신을 알릴 수도 있다.

■ 사회의 오피니언리더들의 결집이다.

인터넷 이용자들은 대부분 10~30대의 중산층, 고학력의 구매력있는 정보탐색형의 의견선도자들이다. 이들은 자신이 알고 있는 또 다른 수백만 어쩌면 수천만의 사람들에게도 의견선도자로서 적극적으로 정보를 전해 줄 것이기 때문에 마케터들은 예상보다 더 큰 소비자 집단과 만날 수도 있다.

■ 가장 구체적인 필요성을 느끼는 표적 집단에 대한 접근이 용이하다.

인터넷 이용자들은 그들의 특성상 그 자체만으로도 마케터들에겐 상당히 매력적인 집단이기도 하지만 뉴스그룹이나 전자우편을 통하면 가장 구체적인 필요성을 느끼는 아주 좁은 범위의 표적 집단으로 접근할 수 있다. 또 이들은 자신이 느끼는 제품이나 서비스에 대해 적극적으로 의견을 제기하기도 하므로 기업으로서는 소비자의 의견을 들을 수 있는 흥미로운 집단임이 틀림없다.

■ 광고비가 저렴하다.

인터넷의 웹사이트는 회선사용료만 부담회면 되므로 기존 매체 광고에 비할바가 아니다. 기존에 다이렉트 마케팅의 일환으로 주로 의존하여 왔던 직접우편(Direct Mail ; DM 발송)의 경우 주소가 바뀌어 되돌아오거나 제대로 전달되지 않고, 전달되었다 하더라도 읽히지 않고 그냥 버려지는 등 낭비적 요소가 많았다. 그러나 인터넷을 이용하면 상대방의 컴퓨터로의 정확하게 전달할 수 있는 데다 좁은 범위의 표적집단으로 보낼 수도 있으므로 이런 낭비적 요소들을 최소화할 수 있다.

■ 쌍방향 커뮤니케이션이 가능하다.

원한다면 온라인 채팅이나 뉴스그룹을 통해 소비자들의 시장에 대한 신뢰도, 선호도 또는 그들이 필요로 하는 것이 무엇인지, 어떤 것인지를 알 수가 있으며, 마케터들이 시장에 대해 알고 있는 것과 모르고 있는 것에 대한 정확한 분석도 가능하다. 소비자들도 기업에 대한 불만, 제품이나 서비스에 대한 고충, 제품에 대한 의견, 시장경향 등에 대해 전자우편을 통하여 기업에 의견을 줄 수 있다.

■ 광고 분량에 제한이 없다.

영상, 그래픽, 음향, 문자 등 다양한 멀티미디어 기술을 이용한 광고가 가능하며, 기업홍보, 제품광고 뿐만 아니라 다양한 정보를 결합한 정보형 광고 또한 가능하다.

■ 광고효과 측정이 용이하다.

이용자가 몇 번 보았는지 얼마나 오랫동안 머물러 있었는 지가 자동 측정된다. 이런 자료들이 축적되면, 데이터베이스 마케팅이나 다이렉트 마케팅을 할 수 있는 훌륭한 기초자료가 될 수 있다.

5) 소셜 네트워크 서비스(SNS) 마케팅

(1) 소셜 네트워크 서비스(SNS)의 개념

소셜 네트워크 서비스(Social Network Service)는 21세기 초반에 새로 시작된 서비스 형태이며, 사용자가 다른 사용자와 정보 공유 및 의사소통을 하는 온라인 서비스로서 개인 사용자들이 관계 형성을 통한 인적 네트워크를 구축하고 이를 통해 타인과 의사소통 및 정보 공유를 할 수 있도록 지원해 주는 웹서비스를 의미한다. 광의의 분류로 보면 이는 인터넷상에서 양방향으로 정보를 주고받고 공유하며 참여하는 새로운 패러다임을 의미하므로 인터넷 마케팅의 범주에 속한다. 즉 이용자가 적극적으로 참여해 스스로 정보와 지식을 만들고 공유하는 열린 인터넷을 뜻하는 것이다. SNS 마케팅은 최근 온라인 마케팅에서 가장 중요한 마케팅 기법이라 해도 과언이 아닐 정도로 중요하게 평가되고 있어 인터넷 마케팅의 분류에서 구분하여 독립된 기법으로 살펴보고자 한다. 한국인터넷진흥원(2009)의 '한국 인터넷 백서'에서는 SNS를 '개개인을 나타내는 노드(node)와 개개인들 간의 관계를 의미하는 연결(link), 또는 묶음(ties)으로 사회적 관계성을 보여주고 가치, 비전, 생각, 링크, 친구 등 여러 특별한 매개물로 묶여질 수 있는 사회적 구조를 온라인 커뮤니티로 구현한 서비스'라고 정의하였다. 한마디로 SNS는 네트워크 즉 온라인상에서 인맥관리를 가능하게 하는 서비스로 오프라인 상의 사회적 관계 개념을 온라인 공간으로 가져와 개인의 일상 및 관심사를 공유 및 소통시켜 인맥 구축 및 네트워크 형성을 지원하는 서비스라 말할 수 있다.

"Social"은 사회를 뜻하는 말로 '공동체'를 의미하고 "Network"는 일련의 과정을 통해 연결된 '관계망'을 나타내며 "Service"는 이러한 것들이 가능할 수 있도록 '기반을 만들어 주는 것'을 의미기 때문에 관계를 형성할 수 있는 온라인 커뮤니티와 유사하다고도 볼 수 있지만 온라인 커뮤니티가 한 장소에서 공통의 관심사를 가진 사람들끼리 모여 그룹을 형성하고 이를 중심으로 움직인다면 SNS는 개인을 중심으로 개인 간 연결 된 관계가 누적됨으로써 더 큰 네트워크를 형성한다는 특징을 갖고 있다.

소셜 미디어는 일반인이 자신의 생각, 경험, 정보를 생산하고 확산하기 위하여 주도적으로 사용하는 개방된 플랫폼(블로그, 유튜브 등)과 관계 형성의 목적으로 사용하는 소셜 네트워크 사이트(페이스북, 트위터 등)를 포함한다. 즉 자신의 생각, 의견, 관점을 글, 사진, 동영상을 통해 적극적으로 알리고 공유하기 위해 쓰이는 온라인 도구 및 플랫폼을 총칭한다. 이와 같은 소셜 미디어는 블로그, 소셜 네트워크 사이트, 가상의 소셜 공간, 협업 프로젝트, 콘텐츠 커뮤니티, 가상의 게임 공간으로 분류된다. 이러한 웹 2.0이 사람과 사람, 사람과 정보, 정보와 정보간의 관계 네트워크라는 맥락에서 협력적 작업을 가능하게 하는 소프트웨어의 새로운 형식 중 하나를 SNS(Social Network Service)라고 할 수 있다.

(2) 소셜 네트워크 서비스(SNS)의 특성

SNS는 서비스마다 각기 다른 기능들이 구현되어 있어서 한 마디로 SNS의 기능적 특징을 규정하기란 쉽지 않으나, 보편적으로 프로필 공간, 콘텐츠(사진, 음악, 동영상 등)업로드, 다양한 형태의 메시지, 다른 사람들과의 연결기능 등을 갖추고 있으며 참여, 개방, 대화, 커뮤니티, 연결 등의 네트워크를 기반으로 하는 키워드들의 복합체이다.

SNS의 핵심적 효용은 사람들과의 연결이라 할 수 있는데, 이는 오프라인에서는 아는 사람뿐만 아니라 모르는 사람들까지도 SNS를 통해서 '친구'가 될 수 있다. 이렇듯 SNS는 기본적으로 개발 사용자가 공개적 프로파일을 구성하여 다른 사용자들과 연결을 맺고, 글, 그림, 동영상 등을 공유할 수 있는 기능을 제공한다.

SNS가 제공하는 대표적 기능을 살펴보면 다음과 같다.

첫째, 관계 맺기 기능으로 친구/지인 맺기, 팬 되기 등 개인들이 관계를 맺고 관리할 수 있는 기능을 제공한다.

둘째, 프로필 작성 기능으로 사진과 신상정보, 취미, 관심사 등 개인 자신을 나타내고 표현할 수 있는 기능을 제공한다.

셋째, 커뮤니케이션 기능으로 이메일, 쪽지, 채팅, 메신저 등 사용자 간의 커뮤니케이션을 지원하는 기능을 제공한다.

넷째, 콘텐츠 생산 기능으로 개인의 생각과 관련된 글, 사진, 동영상 등 사용자가 콘텐츠를 생산하고 공유할 수 있도록 해주는 기능을 제공한다.

끝으로 네트워크 활용 기능으로 사용자의 생산 콘텐츠와 외부 콘텐츠를 공유하거나 추천 및 배포하고 함께 협업 등을 통해 축적된 관계 네트워크를 활용하는 것이 가능하다.

SNS가 독특한 이유는 단순히 사람들과의 연결을 제공하는데 있는 것이 아니라 사용자들이 사회적 네트워크를 형성하고 이를 다른 사람들에게 공개하는데 있다. 이는 나 자신 즉 개인이 중심이 되어 자신의 관심사와 개성을 공유한다는 점에서 과거의 네트워크 서비스와 다르다고 할 수 있다. 기존 온라인 커뮤니티(카페, 동호회 등) 서비스가 특정 주제에 관심을 가진 개개인이 모여 그룹을 형성하여 폐쇄적인 서비스를 공유하였다면 현재 소셜 네트워크 서비스(SNS)는 관심 분야가 아닌 사람들의 네트워크 그 자체로 구성되어 있다. 또한 과거의 인터넷 활용이 검색을 통한 정보를 찾는 역할에 그쳤다면 이제는 SNS를 통해서 검색뿐만 아니라 누군가와 소통하고 관계를 맺으려는 욕구를 해결하고 인맥을 넓힐 수 있게 된 것이다.

소셜 네트워크 서비스(SNS)가 특별한 이유는 단순히 개인이 서비스를 통해서 모르는 사람과 만날 수 있어서가 아니라, 그들의 소셜 네트워크 관계를 명확하고 가시화해서 보여주는 것이 가능해졌다는 점에서 과거의 네트워크 서비스와 다르다고 할 수 있다.

또한 소셜 네트워크 서비스(SNS)는 기존의 일방적인 커뮤니케이션 미디어와는 달리 쌍방향 커뮤니케이션이 가능해 소비자의 참여와 공유, 대화를 자유롭게 이끌어 낼 수 있는 특성을 갖고 있다. 이것을 인터랙션(Interaction)이라고 한다. 이러한 인터랙션은 개체성보다는 관계성을 부각하는 것을 알 수 있으며 사용자가 매체 상에서 정보를 접할 때 일방적으로 정보를 습득하는 것이 아니라 능동적으로 받아들인 정보를 원하는 것만 선택하거나 수정을 가할 수 있는 '상호작용'을 의미한다.

SNS는 참여, 공개, 커뮤니케이션, 커뮤니티, 연결(관계)등 5가지 네트워크 기반 키워드들의 복합체로 관심 있는 모든 사람들의 참여(participation)와 피드백을 촉진하여 미디어와 사용자 개념의 경계가 없어지고 피드백, 코멘트, 정보공유를 촉진함으로써 콘텐츠 접근과 사용에 대한 장벽을 공개(openness)하며, 이용자의 쌍방향의 대화(상호작용, conversation)를 중요시하여 친근감을 유도한다고 하였고, 커뮤니티(community)를 통해 상호작용하고 정보를 생산, 공유, 확산하면서 다양한 미디어의 조합이나 링크를 통한 연결(connectedness) 상에서 정보 및 이슈를 재생산하는 특징을 가지고 있다고 주장하였다.

Gene Smith(2007)[2)]는 SNS의 특성을 다음 [표 2-6]와 같이 크게 7가지로 구분하여 제시하였다. 즉, 자신의 주체성을 표현하기 위한 정체성 특성(Identity), 자신 표현을 위해 존재감 특성(presence), 관계를 구축하고 유지하기 위한 관계 특성(relationships), 커뮤니케이션을 위한 대화 특성(conversations), 자신의 홍보와 명성을 알리기 위한 평판 특성(reputation), 각종 정보와 콘텐츠 공유를 위한 공유 특성(sharing), 단체 활동을 위한 그룹 특성(groups)이다.

2) 장삭(2012). SNS특성이 온라인 쇼핑몰 구매의도에 미치는 영향 연구. 공주대학교 박사학위논문, p.24

[표 2-6] SNS의 7가지 특성

특성	내용
정체성(Identity)	온라인상에서 사용자들이 본인을 독특한 방식으로 드러낼 수 있는 정체성
존재감(presence)	온라인상에서 상대가 대화를 할 수 있는 상태인지를 파악하는 존재감
관계(relationships)	온라인상에서 두 사용자가 어떻게 관계를 형성하는지와 시스템에 축적 할 수 있는 관계
대화(conversations)	온라인상에서 사람들과의 대화하는 방법
그룹(groups)	공통의 관심사를 형성해가는 그룹형성
평판(reputation)	온라인상에 있는 사람들이 좋은 사람인지 믿을만한지를 평가 할 수 있는 평판
공유(sharing)	참가자들과 의미 있는 것들을 나눌 수 있는 공유

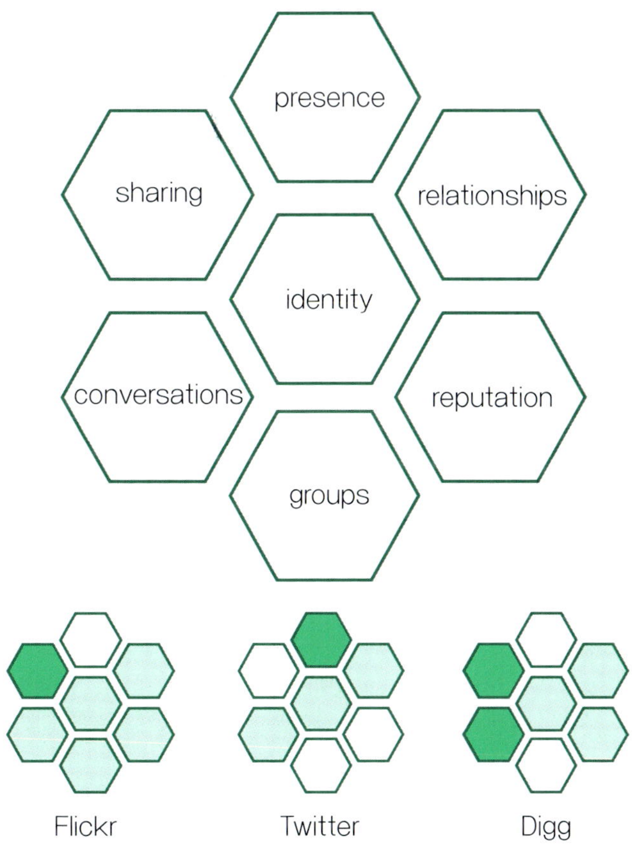

[그림 2-2] SNS의 7가지 특성

※ 출처: Smith(2007). "Social Software Building Blocks". nForm blog.
[online] http://nForm.ca/publications/social-software-building-blocks

Smith(2007)[3]의 연구에 따르면, SNS의 특성이 모든 SNS에 드러나지는 않지만 대부분 3개 이상의 특징을 나타내고 있으며 가장 두드러지는 특징은 1 2개로 보고 있다. 예를 들어 사진 공유 사이트인 플리커(Flickr)는 공유의 특징을, 140자로 메시지를 전달하는 마이크로 블로그 유형인 트위터(Twitter)의 경우는 존재감의 특징이 가장 두드러졌으며, 뉴스 추천 서비스 제공하는 디그[4]는 공유와 대화의 특성이 가장 두드러지게 나타내고 있다.

(3) 소셜 네트워크 서비스(SNS)의 유형

현재 대표적인 SNS로는 페이스북, 인스타, 트위터, 싸이월드, 마이스페이스, 미투데이, 카카오톡, 블로그 등이 있다. 또한 모바일의 사용자가 급증하면서 모바일을 기반으로 한 새로운 형태의 SNS가 등장하여 SNS의 이용자 수는 더욱 증가 일로에 있다.

SNS는 인터넷의 빠른 성장과 더불어 대중 커뮤니티, 학연중심 커뮤니티, 개인중심 커뮤니티를 거쳐 현재의 SNS에 이르기까지 발전하게 되었다. 초기의 SNS는 주로 친목도모, 엔터테인먼트 용도로 활용되었으나 이후 비즈니스, 각종 정보공유 등 생산적 용도로 활용하는 경향이 생겨났다. 또 인터넷 검색보다 SNS를 통하여 최신 정보를 찾고 이를 활용하는 사람들도 증가하고 있다. 대부분 아는 사람의 아는 사람으로 연결되어 있는 특성상 일반 검색을 통해 찾는 정보보다 친구의 추천으로 공유하는 정보가 신뢰성이 높고 간결하게 전달되기 때문이다. 이러한 과정을 통해 양적으로 사람을 더 많이 불러 모으게 되었고, 참여자들은 사이트에 더 깊이 관계하며 참여하게 되었다. 각각의 이러한 형태는 현재까지 공존, 발전, 소멸을 거듭하고 있다.

[그림 2-3] 소셜 네트워크 서비스의 발전

※ 출처: 김헌, 백미정(2010). 소셜 네트워크 서비스의 유형별 분류에 따른 웹 인터페이스 연구. 한국디자인문화학회지, 16(1), p. 83

3) Smith(2007). "Social Software Building Blocks". nForm blog. [online] http://nForm.ca/publications/social-software-building-blocks

4) 디그(Digg)는 2004년 12월 만들어진 소셜 북마크, 블로그를 섞은 듯한 웹사이트로, 특정 편집자가 편집하는 것이 아닌 누구나 참여할 수 있는 커뮤니티 기반의 웹사이트이다. 주로 기술, 과학, 게임 등에 관한 사실을 공유한다. 위키백과 http://ko.wikipedia.org/wiki

※ 출처: 수인스타일
https://map.naver.com/v5/search/%EC%88%98%EC%9D%B8%EC%8A%A4%ED%83%80%EC%9D%BC/place/1426279116?c=14142491.2402086,4511010.0499351,15,0,0,0,dh&placePath=%2Fphoto%3Fentry%253Dple%2526

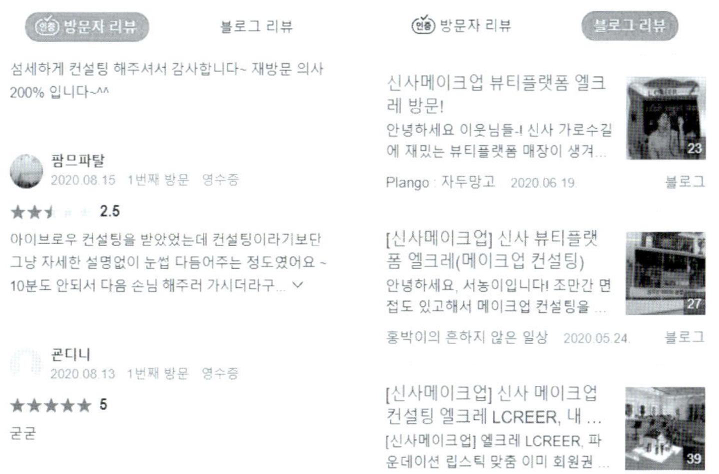

※ 출처: 엘크레
https://map.naver.com/v5/search/%EC%97%98%ED%81%AC%EB%A0%88/place/1421741281?placeSearchOption=fromNxList=true%26noredirect=1%26entry=pll&c=14136292.6749461,4512068.2250454,13,0,0,0,dh&placePath=%2Fhome%3Fentry=pll

※ 출처: 위뷰티
https://www.webeauty.co.kr/bbs/board.php?bo_table=sub3_1

5. 미용 산업의 마케팅

1) 미용 고객 욕구의 파악

아침을 굶어 배가 고프면 뭔가 먹을 것을 생각하게 되는 것이 욕구(needs)라고 한다면, 배고픔이라는 욕구를 해소하기 위해 그 방법으로 밥이나 빵을 찾는 것을 요구(wants)라고 할 수 있다. 이러한 요구를 해결하기 위해 식당서 식사를 하거나 제과점에서 빵을 사먹는 것이 수요(demands)이다. 미용 서비스에서 고객의 욕구는 아름다워지려는 심리적 충동이다. 욕구는 고객의 마음속에 잠재해 있다가 생활이나 스타일에 변화를 주고 싶은 심리적 충동이 발생하면 그 욕구를 충족시키려는 요구(wants)적 요소를 찾게 된다. 이러한 요구의 단계에서는 고객이 지불하게 될 비용과 얻게 될 가치를 비교 분석하여 구매를 결정하게 된다.

고객은 자신의 욕구를 인식하고 그 아름다워 지려는 욕구를 충족시킬 수 있는 요구 즉, 상품을 찾는다. 고객은 과거의 경험과 정보를 통해서 요구를 충족시킬 대안을 구하게 된다. 하지만, 고객 자신의 경험과 정보로 결정하기 보다는 마케터의 마케팅 활동에 의한 영향력에 의해 요구를 해결하는 경향이 있다. 고객이 미용실 광고를 보고 스타일에 변화를 주려고 생각하는 것이나, 우편 발송된 헤어상품권을 받고서 미용실을 방문하는 행동들이 그 예라고 할 수 있다.

미용실에서 제공하는 상품의 가치가 크면 클수록 고객의 구매욕구도 더욱더 커지게 된다. 고객의 이러한 구매행동은 무의식에서 시작하는 것이 아니라 과학적, 의식적 과정이다. 그럼으로 마케터는 상품의 가치를 최대한 부각시킬 수 있는 광고와 그 가치를 체험할 수 있는 기회를 제공하여 고객이 얻게 될 가치를 정확히 전달할 필요가 있다.

고객의 욕구는 크게 2가지로 구분해 볼 수 있다. 첫째는 고객이 경험했거나 아는 정보의 수준에서 필요를 느끼게 되는 경우이며, 둘째는 고객이 인식하지 못하고 있던 욕구, 즉 잠들어 있는 고객의 욕구를 깨워주는 경우이다. 예를 들어 우리가 사용하는 휴대폰은 고객이 원해서 개발된 것이 아니라 기업에서 필요하겠다고 생각하고 만들어 고객들이 필요를 인식하게 한 것이다.

인간은 사회적 동물이다. 개인의 가치관이나 사상에 의해서만 구매를 선택하지 않는다. 자신의 신분, 지위, 사회문화 등에 의해서 자신의 욕구를 절제하거나 발산하기도 한다. 마케터는 고객 스스로가 미처 깨닫지 못하고 있는 잠재된 욕구를 깨우고 전달해야 한다. 고객의 잠재된 욕구 표현이 당당하고 자연스러운 것이라고 일깨우는 것이다. 즉, 새로운 욕구를 찾기 보다는 억제된 욕구를 표현할 수 있게 해주는 것이다. 예를 들어 여성이 남성들의 시선을 받기 위해서는 아름다워야 한다고 직접적으로 표현하는 것은 현명한 마케팅이라고 할 수 없다. 고객이 사회적 규범(남의 눈치)을 의식한다는 것을 이해하고 그 것을 전제로 하여, 고객의 욕구가 도덕적이고 바람직한 것이라는 표현을 전달해야 한다.

즉, 여성이 아름다워 지려고 하는 것은 외모만을 아름답게 꾸미는 것이 아니라 고객의 생활과 인생 그 자체를 아름답고 젊게 연출하는 욕구라고 그럴듯하게 포장해주는 것이다. 능력 있는 마케터의 훌륭한 촉진은 고객 욕구의 사실여부와 상관이 없다. 고객이 욕구를 표현하는 것에 당당한 명분을 제공하는 것이 핵심이다.

[표 2-7] 미용실 마케팅 환경의 변화

기술자시장 (미용실 영업중심)	———→	이용자시장 (고객만족중심)	
1970년대 기술의 시대 수요 〉 공급	1980년대 영업의 시대 수요 = 공급	1990년대 선택의 시대 수요 〈 공급	2000년대 고객만족의 시대 소비자 요구, 욕구중심
기술전수의 시대 → 기술엘리트 시대 → 기술 보급의 시대 → 기술 창작의 시대 → 기술 주문의 시대			

미용 서비스업에서 여성고객을 유치하는 핵심 3요소

■ 안심

여성 고객은 미지의 세계에 접근할 때 두려움을 갖게 된다. 이러한 현상을 제거하면 여성고객의 방문을 늘리 수 있다. 이러한 불안을 해소하기 위해서는 제품에 대한 상세한 정보를 제공하고 매장의 구조는 가능하면 공개하는 것이 좋다. 유리창은 가능한 크게 하고, 칸막이는 없애고, 시술제품은 가능하면 유명브랜드를 사용한다고 알려라. 환불보장제, 스타일보장제, 후불제, 가격정찰제 등은 안심을 주는 좋은 방법이다. 여성고객이 명품(브랜드)를 선호하는 이유도 안심과 무관하지 않다.

■ 이익

여성 고객은 뭔가 이익을 보았다고 생각되면 기뻐한다. 이익에는 실질적 이익이 중요하지만, 실질적 이익을 제공하려면 미용실 입장에서는 순이익이 감소함으로 명목적 이익이라도 제공하는 것이 좋다. 예를 들어 50,000원 파마를 5,000원 할인하여 실질적 이익을 제공하는 것이 좋겠지만 순이익이 감소함으로 어려움이 있을 때에는 가격을 5,000원 인상하여 55,000원으로 하고 5,000

을 명목적으로 할인하는 방법도 있겠다. 이러한 방법을 시도할 때에는 가격저항선, 가격민감도 등을 파악하여 과학적으로 적용해야 한다.
가끔은 덤 문화가 우리나라에만 있는 것으로 착각하는 경우가 있는데 이는 세계적인 추세다. 마일리지, 포인트, 캐시백, 할인, 사은품, 경품 등은 이익을 제공하는 좋은 예이다. 실질적이든 명목적이든 이익을 제공하라. 성공한 미용실은 지속적인 이익을 제공하고 있다.

■ **흥미**

여성들에게 가장 선호하는 이성의 첫째 조건의 1위는 재미(유모어)있는 남성을 선호한다. 남성이 여성에 비해 근육이 발달되었다면, 여성은 남성에 비해 오감(시각, 청각, 후각, 미각, 촉각)이 발달되었다. 심지어, 오감을 넘어 육감이 발달되었다고도 한다. 이러한 이유로 여성의 인생은 드라마라고 하지 않는가? 실제로 대대수의 여성들은 드라마에 열광한다. 물론 영화, 연극, 콘서트 등의 주 고객도 여성이다.

2) 미용실 상권별 SP(판촉-Sales Promotion) 전략

미용실의 판촉 전략은 상권별로 다르게 수립하고 실천해야 한다. 아는 지인들이나 성공한 사람들의 판촉 정보는 가치 있는 중요한 정보이다. 그러나 그 정보는 상황별, 시기별, 계층별로 해당 상권에 적합한 맞춤식 판촉이라야 성공을 보장받을 수 있다.

■ 역세권

역세권은 교통의 요지로서 고객층이 다양하고 유동 인구가 많음으로 가두홍보 효과가 높다. 특히 가시성이 확보된 미용실은 현수막(Placard)을 잘 이용하면 좋다. 1층의 경우는 화려하게 디자인 한다. 3층 이상은 내용을 최대한 압축하고 간결하게 디자인 한다. 핵심 단어는 전체의 50% 이상을 차지하는 비율로 크게 확대해야 좋다.

예) 가두홍보, 현수막, 쿠폰배포, 캐시백 쿠폰 등

■ 대형 쇼핑센터 내

대형 쇼핑센터 내 입점은 그 자체가 샵인샵(Shop in shop)이므로 모체인 대형 쇼핑센터의 영업력에 따라서 미용실의 운명도 결정된다. 대형 쇼핑센터 내의 미용실도 쇼핑센터 자체의 내부 상권에 의한 영향력이 큼으로 입점할 때 유리한 상권을 확보해야 한다. 시장과 상권에 맞는 확실한 판촉 전략으로 매출이라는 계단을 하나씩 오르길 기대한다. 고객의 재방문율을 높이는 쿠포닝 전략인 회원 캐시백 제도는 어떠한 상권에서도 잘 어울리는 효과적 방법이다.

예) POP광고, 입점업체와 제휴, 블랙모닝 초특가(쇼핑센터와 함께하는), 쿠폰배포(주차장, 무빙워크), 캐시백 쿠폰 등

■ 학원가

학원가의 주 고객은 학생들이다. 이들의 주머니 사정은 여의치 않다. 부모에게 용돈을 타서 쓰는 계층으로 "질 보다는 양"에 "양 보다는 가격"에 민감하다. 원가경쟁력이 있는 업소는 가격경쟁에서 큰 효과를 볼 수 있다. 학원가는 가격할인이 반영된 쿠포닝 전략에 좋은 결과를 기대할 수 있다.

예) 할인쿠폰, 저렴한 요금을 알리는 명함형 전단, 포인트 누적제, 캐시백 쿠폰 등.

■ 일반 주택가

일반 주택가는 고객의 유동이 많지 않고, 고객층의 영역이 일정범위 내에 한정되어 있음으로 영역내의 거주민을 대상으로 하는 전단배포가 용이함으로 꾸준하게 실천하자. 특히, 일반 주택은 주부들에 의한 입소문의 영향력이 크다.

예) 회원추천제, 기념일(생일, 결혼일) 문자(SMS)관리, 세대별 전단지 직배, 판촉용 사은품, 캐시백 쿠폰 등

■ 아파트 단지 내 상가

일반적으로 아파트는 주변의 주택보다는 생활 수준이 높다고 할 수 있다. 아파트단지 내 상가는 신규고객이 많지 않음으로 기존고객의 재방문율을 높이는 전략이 핵심이다. 단지내 삼삼오오 함께하는 주부들의 마음을 얻어야 한다. 아파트단지는 우편(DM)에 의한 판촉에 그 효과가 높다. 여건이 허락한다면 원장님이 단지 내 아파트로 이사하는 것을 추천한다.

예) 회원추천제, 기념일(생일, 결혼일) 우편(DM)으로 관리, 호수별 광고지 우편발송, 신문간지에 의한 전단배포, 캐시백 쿠폰 등.

[표 2-7] 아날로그시대와 디지털 시대의 마케팅 믹스(MARKETING MIX) - 4P vs 4C

4P	내용	디지털 시대의 4C	내용
Product	미용기술, 서비스, 이미지	Contents	미용기술, 서비스
Price	미용요금	Communication	고객의 만족과 가치
Place	입지	Commerce	입지, 홈페이지
Promotion	미용기업의 광고 및 홍보	Community	이미지, 동아리, 조직의 세분화

3) 미용 산업에서 전사적 자원관리, ERP(Enterprise Resource Planning)

전사적 자원관리란 기업 내의 생산, 물류, 재무, 회계, 영업 및 구매, 재고 등 기간업무 프로세스들을 통합적으로 연계 관리해 주며, 주위에서 발생하는 정보들을 서로 공유하고 새로운 정보생성 및 빠른 의사결정을 도와주는 전사적 자원관리시스템 또는 전사적 통합정보 시스템을 말한다. 미용 기업에서는 일반적인 기업 활동에서의 필요한 경영정보시스템이 전부 완비되어 있지는 않지만 많은 미용 정보 기업들의 미용실 운영 지원 시스템의 개발로 다른 소상공인에 비해 활발히 이용되고 있다.

① 고객 데이터 베이스 관리의 필요성

- 고객에게 시술과 서비스를 제공할 때, 정확하게 할 수 있다.
- 미용시술 시 사전에 부작용을 막을 수 있고, 트러블이 일어나는 제품의 사용을 자제할 수 있다.
- 다음 시술시 고객이 사전의 시술과 같은 결과를 원한다면 동일하게 할 수 있다.
- 고객과의 상담을 통한 접촉이 가능하다.
- 고객의 사후관리(AS) 차원이나 DM(생일, 크리스마스 카드) 발송시 이용할 수 있다.
- 각각의 시술 때마다 고객의 변화를 인지할 수 있다.
- 예약 고객 관리를 할 수 있다.

② 고객관리를 위한 필요한 항목

미용 서비스업에서 고객관리는 고객의 신상 파악, 고객의 피부 혹은 모발 상태 진단, 고객의 서비스 요구 파악, 시술 종류 결정 및 시술 및 예약에 의한 고객관리 등의 기본 항목을 구성할 수 있다.

고객관리를 위한 필요한 항목의 사례

고객신상관리 항목	
고객 ID(일련번호)	이동통신
고객성명	직업
성별	이메일
생년월일	내점동기
음력양력	고객사진
주민등록번호	얼굴형태
주소	담당 디자이너
우편번호	최초 내점일자
전화번호	비고

고객 시술 항목
고객 ID
고객성명
시술일자
시술 사항
길이
약품
제 1액 시술시간
제 2액 시술시간
커트
트리트먼트
염색 유무
염색 색상
염색시간
시술 사항
결과
사후관리
사후관리 날짜

시술 사항 항목
시술 사항
가격
만족도

고객 시술 항목
고객 ID
고객성명
모발 타입
상태
굵기
수분반응
탄력성
윤기
색상
밝기
숱
손상
손상부위
경험
모발길이

시술자
담당 디자이너
담당 고객ID
담당 고객ID

예약관리
고객 ID
고객성명
접수일시
방문날짜
예약시간
시술 사항
담당 디자이너
시술 여부

III. 서비스 경영

1. 서비스 이론

1) 서비스의 개념

21세기는 서비스산업에서 서비스뿐만 아니라 모든 기업에서 서비스에 대한 인식과 노력 없이 성공할 수 없다. 1960년 미국마케팅학회(American Marketing Association)는 '서비스란 판매 목적으로 제공되거나 상품판매와 연계해서 제공되는 행위, 효용, 만족이다. 그 예로는 오락, 호텔 서비스, 전기, 통신, 운송, 이. 미용 서비스, 수선 및 정비 서비스, 신용평가업 등이 있다. 이 용어는 판매원이 고객 편의를 위하여 제공하는 신용 제공, 판매원의 충고와 도움, 배달 등과 같은 다양한 행위에도 적용된다.'고 하여 판매를 위해 제공되는 것과 판매에 수반하는 행위나 효익 모두를 포함한 보다 광의의 정의를 시도하였다.

고객의 욕구를 파악하여 그에 맞는 응대를 하는 것이 중요하며, 이는 무조건적인 친절을 서비스라고 생각하는 시대는 이미 지나갔음을 의미한다. 그러므로 서비스 제공자는 서비스를 제공하기 전에 고객의 다양한 욕구와 방대한 정보력을 파악할 수 있어야 한다.

서비스의 이해

- 서비스는 고객이 부족하다고 생각하는 점을 상품이나 정보로 보충함으로써 고객이 갖고 싶은 것을 해주는 것이다. 고객이 원하지 않는 것을 아무리 값싸고 좋은 조건에 제공한다고 해도 고객을 만족시킬 수 없다.
- 서비스는 지나친 친절을 간섭이라고 느끼는 고객에게 필요 이상의 대화는 피하고 더 많은 접촉을 원하는 고객에게는 그에 상응하는 응대를 해줘야 한다. 즉 서로 다른 성향의 고객은 서로 다른 관점에서 좋은 서비스를 받았다고 기억할 것이다.
- 서비스 마인드의 출발은 서로가 감사하는 마음을 갖는 것에서 출발한다고 볼 수 있다.
  뷰티서비스 업장을 찾는 고객이 자신이 아름다움을 만들어 준 이에게 '수고하셨습니다'라는 인사를 하고 서비스 제공자가 '감사합니다'라는 말을 주고받는 것은 자연스러운 인사이다. 서비스 제공자는 고객이 자신의 서비스를 잘 받아준 데 대한 감사를, 고객은 서비스를 받은 것에 대한 감사의 마음을 표현하는 것은 어느 한 쪽이 일방적일 수는 없는 것이다.

그러나 이러한 서비스에 대한 의미가 잘못 이해하는 경우도 종종 있다.
첫째, 서비스는 서구 문화에서 생성된 것으로 우리는 흔히 '친절, 봉사'라는 추상적인 의미로만 여기기 쉽다. 서비스를 주는 사람은 하인이요, 받는 사람은 주인이라는 상하나 갑을의 개념은 서비스에 대한 오해에서 출발한 것이다. 그러나 진정한 서비스란 고객의 마음을 얻기 위해 순종하는 수직적 관계가 아니라 동등하게 의견을 주고받는 수평적인 인간관계이다. 이 사회 안에서는 누구나 서비스의 제공자이자 동시에 고객이 되기 때문이다.
둘째, 우리가 일반적으로 오해하고 있는 서비스의 의미는 무료의 개념이 많다. 물건을 사면서 '10% 정도 서비스해 주세요'라고 말하는 경우는 서비스는 값을 깎는다는 의미로 쓰인다. 또한 '샴푸를 사면 트리트먼트를 서비스로 드립니다.'라는 경우, 서비스는 무료나 덤의 의미로 쓰였다. 말하자면 서비스를 값을 깎거나 공짜, 덤의 개념으로 해석한 것이다.
서양에서는 식당에 가면 식사비 이외에 웨이터에게 팁이라는 것을 지급한다. 서비스에 따라 본래 금액의 10% 정도를 지급하지만 서비스가 흡족하면 더 주기도 하고 불만족하면 안 주기도 한다. 이런 팁의 문화는 웨이터들에게 월급 이외의 보너스가 아니라 바로 그들의 급여가 된다. 그러므로 그들의 서비스는 매우 진지하며 공짜가 아니다. 서구에서의 서비스는 무료나 공짜가 아니라 모두 유료인 것이다. 남에게 서비스를 받거나 의뢰한다면 그것은 반드시 대가성이며 팁이라든지 다른 형태로 사례를 한다. 그렇기 때문에 그들은 이미 마음속에 서비스 행위에 대한 소중함과 가치가 스스로 심어져 있다고 할 수 있다.
우리의 경우 팁은 급여 이외의 보너스이므로 받으면 좋고 못 받으면 그만이라는 생각을 갖기 쉽다. 그러므로 서비스 마인드가 없는 종업원은 나에게 급여를 주는 사람을 단순히 고용주라고 인식하고 있으며, 나의 고객이라는 인식을 갖는 경우가 드물다.

셋째, '이 식당은 서비스가 좋아요', '역시 삼성은 서비스가 좋아'에서 전자는 식당에서의 서빙을 평가하는 뜻이며, 후자는 애프터 서비스의 개념을 말한 것이다. 모두 작은 개념의 서비스를 의미하는 것으로 진정한 서비스의 의미에는 부합되지 않는다. 즉, 서비스란 단편적인 한 조각으로 완성되지 못하는 종합 예술이기 때문이다. 식당이 식사를 위한 공간에서 다양한 욕구를 채우기 위한 공간으로 탈바꿈하고 있다. 또한 헤어 미용실의 헤어디자이너가 실력이 탁월하다고나 하나 다른 부분에서 불만을 가지게 되면 고객은 그 미용실의 단골이 되기 어렵다는 것이다.
위와 같이 서비스는 서비스 자체가 매우 다양하고 복합적인 특성을 지니고 있으며 또한 서비스재와 물재가 적절히 혼용되어 있기 때문에 서비스 부문에 대한 한계를 명확히 한다는 것은 거의 불가능하다고 볼 수 있다. 따라서 서비스는 여러 학자들의 개념을 포괄적으로 이해하는 것이 필요하다.

2) 서비스의 특성

제품과 서비스의 차이는 제품은 '생산'되고 서비스는 '수행'된다는 것이다. 제품과 다른 서비스의 특성을 다음과 같이 구분할 수 있다.

■ 서비스는 무형의 활동이다.

서비스는 만질 수 없는 산물로서 법률자문이라든지, 피부미용, 음식점, 주유소, 실내 장식등과 같은 서비스는 물리적 산물과 만질 수 없는 산물의 결합체이다. 재화인 상품은 상품 자체가 욕구를 충족시켜 줄 수 있는 것에 반해 서비스는 서비스 제공자인 사람의 활동이 욕구를 충족시켜 준다는 점에서 상품과 특성을 달리한다. 서비스에는 반드시 인간적인 요소가 중요시 되며 인간의 능력에 의존하는 부분이 크다. 따라서 서비스 제공자는 고객들의 신뢰를 얻기 위하여 자신이 제공할 서비스에 대한 구체적인 방안을 고객에게 제공할 수 있도록 노력하여야 한다.

■ 서비스는 표준화되지 않는 산물이다.

고객의 서비스에 대한 요구가 각각 다르므로 서비스는 표준화하기 어렵다. 또한 대부분의 서비스는 노동 집약적이어서 서비스 제공자에 따라서 생산되는 서비스 산물이 각기 다르다. 따라서 서비스기업의 생산성이나 품질을 측정하는 일은 매우 어렵고 측정한다고 해도 정확한 값을 얻을 수 없다.

■ 서비스는 소멸성을 갖고 있다.

대부분의 서비스는 생산됨과 동시에 소비되기 때문에 없어지는 특성을 갖고 있다. 또한 서비스는 그 성과를 저장할 수 없고 다시 판매할 수도 없기 때문에 서비스는 요구되기 전에는 생산될 수 없다. 서비스를 필요로 할때 서비스가 제공되지 않는다면 서비스 능력은 소멸되고 만다.

■ 서비스는 즉흥적이고 순간적이다.

서비스는 연습이 없다. 한 번 발생한 서비스는 그것이 잘되었든 잘못되었든 취소가 불가능하다. 고객에게 유쾌한 경험으로 기억되느냐, 불쾌한 경험으로 기억되느냐는 훈련된 제공자의 자질에 달려 있으며, 결과는 바로 서비스의 성공 여부와 직결된다.

3) 서비스의 분류

(1) 서비스의 형태에 따른 분류

① 기능적 서비스

기능적 서비스는 평가의 대상이 되는 서비스에 어느 정도의 객관성을 지닌 기능적인 면에서는 편익의 제공이 불가결하다는 것을 의미한다. 즉, 전화, 전기, 가스 등의 서비스로 공공서비스로 대표되는 것들이다. 기능적인 면에서의 편익 제공이 없는 경우에는 서비스가 있다고 인정되지 않으며, 따라서 서비스에 대한 평가도 없는 것이 된다. 그러나 기능적인 서비스의 제공만으로는 양질과 불량의 평가를 하기가 곤란하다. 그 기본적인 이유는 기능적 서비스의 경우 모든 사람들이 받는 편익에는 거의 차이가 없으며 개별성이 적기 때문이다.

그것은 이용자가 보았을 때 자신을 위해 해주었다는 의식이 미미하며 자신이 이용하든 안하든 관계없이 존재한다는 인식이 있기 때문이다. 예를 들면 대중 교통 서비스가 그러할 것이다. 지금까지 존재하지 않았던 새로운 기능적인 서비스가 생겨나면 그것에 대하여 '감사'의 마음이 생기는 일이 있다. 그러나 이런 경우 '서비스가 좋아졌다.'는 인식보다는 '편해졌다.'라는 인식이 더 강하다. '00번 버스 회사는 서비스가 좋다'라는 느낌은 기능적인 서비스에 추가되는 다른 요소가 필요하다. 또한 반대로 마이너스적인 요소가 있는 경우 기능적인 서비스의 수준은 변하지 않았다 하더라도 '서비스가 좋지 못하다.'는 평을 받게 된다.

② 정서적 서비스

서비스의 질은 기능적인 서비스에 정서적인 서비스가 함께 제공됨으로써 성립된다. 접객 서비스업의 몇몇 종목으로 대표되는 것들이 이에 속한다. 그렇다면 정서적인 서비스란 어떤 것일까? 그것은 기본적으로 서비스의 제공자가 고객이나 이용객에게 행하는 인간적인 행위의 총칭이며 동작, 표정, 회화 등도 포괄하고 있다. 정서적 서비스는 '사람 대 사람'으로 이루어지고 사람과 물건과의 짜임에서 이루어지는 기능적인 서비스와는 본질적으로 달라서 그 존재를 객관적으로 확인하기 어렵다. 고객의 사정을 배려하고자 한 행동이나 대화를 오히려 불쾌하게 느끼고 고객도 있을 것이요, 아예 느끼지 못하는 고객도 있을 것이다. 또한 고객의 사정을 전혀 배려하지 않고 한 행동이나 대화를 오히려 고객이 유쾌하게 받아들일 수 있다. 사람과 사람이 만나서 일어나는 일이기에 무엇이 좋은 서비스인지는 개개인에 따라 다르다. 앞서 정서적인 서비스에 대하여 개개인이 주관적인 판단에 따르는 것으로써 인식되느냐 아니냐는 사람에 따라 다른 것이라 설명한 것은 이런 의미이다.

③ 기능적, 정서적 서비스

일반적으로 이용자가 불특정 다수이며 일상적 이용 빈도가 높고 제공자와 이용자의 접촉 빈도가 짧은 조건을 가지는 서비스 사업체는 기능적 서비스의 비중이 높아진다. 반대로 이용자가 한정적이며 일상적으로 이용되지 않고 접촉시간이 길다면 그 서비스 업체는 정서적 서비스 비중이 높아진다. 미용 산업에 있어서 기능적, 정서적 서비스는 모두 중요한 부분을 차지한다. 어느 쪽 서비스의 비중이 더 높으냐는 뷰티서비스 업장의 고객층에 따라 서비스의 성격이 기본적으로 다르며 고객의 사회적, 경제적, 문화적 차이에 따라 달라진다. 각 뷰티서비스 업장이 추구하는 마케팅, 지역적 특성에 따라 기능적 서비스와 정서적 서비스의 짜임이 다르고 그 특징은 고객의 입장에서는 그만큼의 기대치를 가지고 내점한다. 그것은 같은 숙박업이라 해도 기능적인 면을 중시한 단순 여관 형에서 정서적인 면을 중시한 호텔형의 구분처럼 비유할 수 있다. 그러나 결국 미용 산업에서 기능적 서비스 수준이 비슷한 경쟁자가 늘어갈수록 정서적 서비스가 성공을 좌우하는 열쇠가 될 수 있다.

(2) 서비스의 행위시점에 따른 분류

① 사전서비스(before service)

가. 서비스의 예약

잡지나 매스컴, 인터넷 등을 통해 내용, 요금, 시간, 종류 등을 광고하는 것은 정보를 사전에 제공하는 것이므로 사전 서비스의 일종이라 할 수 있다. 실제로 공연이 행해지기 전에 제공자가 정보를 유통시켜서 사는 사람과 계약을 하려 한다면 이것은 예약이라는 사전 서비스 행위이다. 서비스 비즈니스에서 예약은 매우 중요한 의미를 갖는다. 살롱에서는 예약을 통해 며칠 몇 시경에는 몇 명의 직원이 필요한지가 산정된다. 예약으로 평일과 주말, 특히 예식 등 행사를 위한 필요 인원을 계획할 수도 있다. 정원의 몇 퍼센트를 언제, 어떤 방식으로 확보하느냐에 따라 비즈니스의 성공 여부가 결정된다.

■ 예약을 확보하기 위한 방안

- 예약을 권장하는 메일, 문자 메시지나 광고를 한다.
- 회원제를 활용한다.
- 한 번 예약을 이용한 고객이 구두로 전하는 홍보효과를 이용할 수도 있다.
- 사전예약 가격을 우대한다.

나. 사전 서비스의 3대 업무

■ 사전준비업무(preparation)

고객의 인지를 촉진하고 내점을 촉진하기 위한 판매 계획 활동이 주된 내용이다. 우선 고객을 유도함이 중심인데 대상은 새로운 고객뿐 아니라 현재의 고객까지 포함한다.

■ 상담업무(counselling)

고객과 만나 원하는 것이 무엇인지를 청취하고 고객의 상황을 관찰하여야 한다.

■ 제안업무(presentation)

고객에게 제시하고 적절한 제안으로 고객의 의사결정을 촉진한다.

② 현장 서비스(on service)

서비스는 고객과 제공자의 상호 거래에 의해 진행된다. 변호사처럼 고객 또한 사람이고 제공자도 한사람으로 행해지는 경우도 있고, 호텔처럼 제공자는 다수이나 고객이 한 사람인 경우 강사처럼 제공자는 한 명이나 고객이 다수인 경우도 있다. 이러한 거래는 어느 경우든 고객이 서비스의 가치를 인정하고 대가를 지급할 수 있도록 해야만 한다. 만약 실패하면 다시 한다는 것이 불가능하므로 그 고객은 두 번 다시 오지 않을 것이다. 바로 현장서비스가 서비스의 본질이라 할 수 있다. 그러므로 현장서비스가 고객과의 이상적인 서비스가 되기 위한 다각도의 노력이 필요하다.

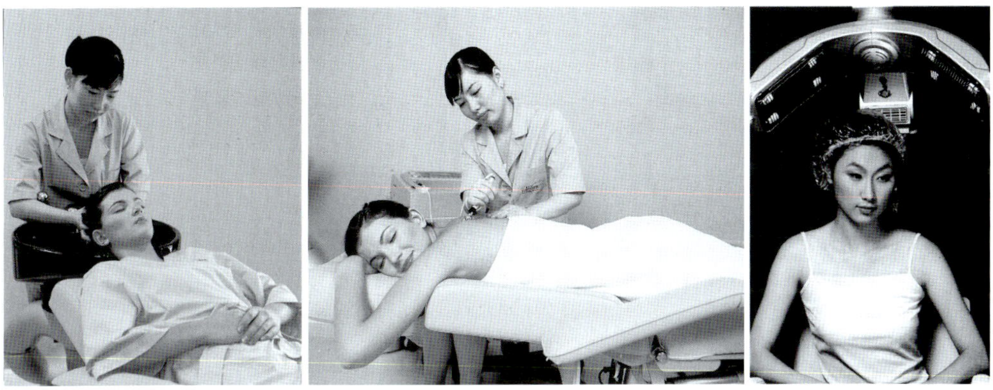

③ 사후 서비스(after service)

서비스는 생산과 소비가 동시에 발생하므로 서비스의 제공은 시간이 되면 그 고객에 대한 서비스 제공을 종료한다. 동시에 고객도 소비를 종료하기 때문에 서비스의 거래행위가 끝난 뒤에는 아무 일도 없었던 것처럼 보인다. 그러나 사후서비스는 바로 그 다음 방문으로 연결할 수 있다.

고객의 재방문 유도

사후서비스의 목적은 고객으로 하여금 다시 찾게 유도하여 자사에서 제공하는 서비스를 선택하게 함으로써 단골 고객으로의 고정화를 꾀하는 것이다. 미용 산업에서 사후서비스는 다양한 통로로 접근할 수 있는데, 예를 들어 이전의 내점으로 이미 확보된 고객카드의 정보를 활용하여 각종 행사나 각 고객의 취향에 맞는 제품을 소개할 수 있다. 방법은 DM이나 상담 전화, 이메일 등을 서비스 제공자 측의 접근이 편리한 종류가 아닌 각 고객의 접근이 쉬운 통로를 선택하여 접근한다. 또한 고정고객의 경우 보통 몇 달 만에 혹은 몇 주 만에 살롱을 찾는지, 각 고객의 빈도 등도 잘 살펴보면 연락을 취해야 할 효과적인 시기를 알 수 있다. 사전서비스와 사후서비스는 결국 고객의 내점을 꾀하는 것이지만 제각기 장. 단점을 가지고 있다.

[표 3-1] 사전 서비스와 사후 서비스의 장점과 단점

구 분	장 점	단 점
사전서비스	- 예약에 따른 예측이 가능하다. - 고객의 수요나 욕구를 정확히 파악할 수 있다. - 수요창조가 가능하다.	- 강매하는 느낌으로 심리적 부담감을 줄 수 있다.
사후서비스	- 브랜드 이미지가 좋다는 평가를 받는다. - 클레임을 미연에 방지할 수 있다. - 이용 후 앙케이트로 사용할 수 있다.	- 고객지원에 있어 비용이 든다. - 재방문으로 이어질 수 있을 지 불확실하다.

2. 서비스 품질

1) 서비스 품질의 이해

품질이란 일반적으로 제품의 유용성을 나타내는 의미로 사용 되지만 시대의 흐름과 상황에 따라 다르게 해석되기도 한다. 과거에는 품질을 생산자의 입장에서 보는 제품의 유용성으로 보았으나 근래에는 사용자의 입장에서 생각하는 제품의 유용성으로 보는 경향이 있다. 최근에 이르기까지 품질에 대한 연구는 주로 제품의 물리적 품질에 초점을 두었으나 1980년대 중반 이후에 경제에서 차지하는 서비스의 비중이 증대함에 따라 여러 분야에서 서비스에 대한 관심을 갖기 시작하였고, 제품에 대비한 서비스의 차별적 특성에 대한 연구가 활발해지고 있다.

서비스 품질에 대한 연구는 1970년대부터 나타나기 시작하였으며, Gronroos가 인지된 서비스 품질의 개념을 정립하면서 고객의 지각된 관점에서의 연구가 시작되었고, PZB[5] 도 지각된 서비스 품질을 '서비스의 우월함과 관련된 전반적인 판단 혹은 태도'라고 정의하면서 '서비스 품질은 제품의 품질보다 고객들이 평가하기가 어렵고, 서비스 품질의 지각은 실제 서비스성과에 대해 고객이 가지는 기대와 비교한 후 결정되며 품질의 평가는 서비스의 결과만으로 이루어지는 것이 아니라 서비스의 전달과정도 함께 포함된다.'고 하였다.

또한 서비스는 제품과 상이한 특성이 있다는 점에 착안하여 서비스의 품질을 제품의 서비스와는 다른 새로운 정의가 필요해 졌다. 서비스 품질에 관한 총체적인 정의를 내리기가 어렵기 때문에 각각 상황에 적합한 정의를 내리는 것이 적절하다.

서비스 품질이란 개념이 존재하는 공간이 너무 넓고 너무 많은 구성요소를 포함하고 있기 때문에 이것들을 모두 포함하는 모형을 설계하는 것은 매우 어려울 뿐 아니라 그 모형의 적용에 따른 효용성에도 의문이 있다. 이런 점에서 본다면 서비스 품질은 사용자의 인식에 따라 많은 부분이 결정 되어지며, 서비스 속성의 집합이 사용자를 만족시키는 정도가 서비스의 품질이라고 할 수 있다.

따라서 서비스 품질은 사용자 중심적 정의에 따라 그리고 서비스의 고유한 특성으로 인해 주로 고객의 지각된 서비스(성과)와 기대서비스(기대)에 의해 결정되는 고개의 지각된 서비스 품질로 정의됨을 알 수 있다.

5) PZB는 Parasuraman, Zeithaml, 그리고 Berry라는 연구자 이름의 첫글자로 PZB Service Quality Model이라고 불리는 소비스 품질 모델을 제시했고 이 모델은 매우 유용한 서비스 품질에 관련된 기준으로 자리잡고 있다

서비스 품질의 중요성

품질 경영에 대한 관심이 고조되면서 기업 내에서 품질을 향상시키기 위한 다양한 방법들이 개발되고 사용되고 있으며, 일반 소비자들에게도 익숙해진 용어들이 생겨나기 시작했다. 전사적 품질관리(TQM), 품질 리엔지니어링, 프로세스 개선 등이 익숙해진 용어들이다. 이러한 품질경영은 주문접수에서 판매 후 고객관리에 이르기까지 기업의 모든 부문을 망라하고 있을 정도로 그 범위와 중요성이 커지고 있다. 그 중요성을 요약해 보면 다음과 같다.

- 과거보다 더 나은 서비스 또는 경쟁사보다 더 나은 서비스를 제공함으로써 시장점유율을 증가시킬 수 있다.
- 서비스 실패율을 감소시키거나 또는 재 작업을 감소시킴으로써 이익을 증가할 수 있다.
- 정확한 서비스, 적시 서비스(Timely service)를 통해 만족하고 행복해진 고객들의 충성도가 높아지면 반복 구매 뿐 아니라 신규고객의 유치가 훨씬 쉬워진다.
- 서비스 전달과정 전 부문에 걸친 품질향상을 요구하는 장. 단기적인 경쟁 압력이 점차 커지고 있다.

2) 서비스 품질의 특성

(1) 객관적 품질과 지각된 품질

기계적 품질(mechanistic quality)은 사물이나 사건의 객관적(제조자)인 입장에서 바라보는 것을 의미하며, 이와 반대로 인간적 품질(humanistic quality)은 객체에 대한 사람들의 주관적(고객)인 반응을 포함한다. 서비스 정의에 있어서 객관적 품질을 고려하되 이와 다른 품질의 관점에서 서비스 품질을 바라보아야 한다.

(2) 과정 품질과 결과 품질

결과 품질(outcome quality)은 고객이 기업과의 상호작용에서 결과적으로 무엇(what)을 받느냐를 나타낸다. 이는 서비스와 관련된 생산과정이나 구매자와 판매자의 상호작용이 끝난 뒤 고객에게 남는 것을 나타낸다. 이는 보통 객관적으로 평가할 수 있는 차원인데 그 성격상 문제에 대한 기술적인 해결책인 경우가 많기 때문에 기술적 품질(technical quality)이라고도 한다. 또 한 가지 중요한 측면은 과정이라고 할 수 있는데 이는 서비스 제공과정에서 품질에 대한 고객의 인식을 바꿀 수 있기 때문이다. 즉, 고객이 서비스를 어떻게(how) 받는가 또는 제공자가 어떻게 서비스를 수행하느냐를 나타내는 것이 과정 품질(process quality)라고 한다.

대부분의 경우 고객은 기업이나 종업원 또는 영업방식을 보기 때문에 기업의 이미지가 서비스에 있어서 매우 중요하다. 따라서 서비스 품질을 평가하는데 여러 가지 영향을 미치게 된다. 만약 서비스 제공자가 좋은 이미지를 가지고 있다면 사소한 실수는 용서가 되겠지만 실수가 반복된다면 이미지는 손상하게 되므로 좋은 서비스 품질이 유지되기 위해서는 이미지 관리도 중요하다.

(3) 기대와 성과의 비교

일반적으로 서비스 품질은 기대(expectation)와 성과(performance)의 비교에 의하여 결정된다고 할 수 있다. 소비자들은 지각한 서비스 품질은 서비스 기업이 제공하여야 한다고 느끼는 소비자들의 기대와 서비스를 제공한 기업의 성과에 대한 소비자들의 지각을 비교하는 데서 나오는 것이다.

서비스 기대와 서비스 지각을 비교한 결과 서비스 품질이 지각되는데, 이것은 소비자의 기대와 서비스 지각 사이에 있는 불일치의 정도와 방향이라고 할 수 있다. 소비자가 여러가지 영향요소에 의하여 서비스 구매 이전에 그것에 대한 기대를 가지며 이러한 기대와 소비자가 실제 제공받는 서비스 성과를 비교하여 서비스 품질을 지각한다. 따라서 서비스 품질을 높이기 위해서는 소비자가 무엇을 기대하는지를 파악하고 이를 성과로써 만족시키는 활동이 중요하다.

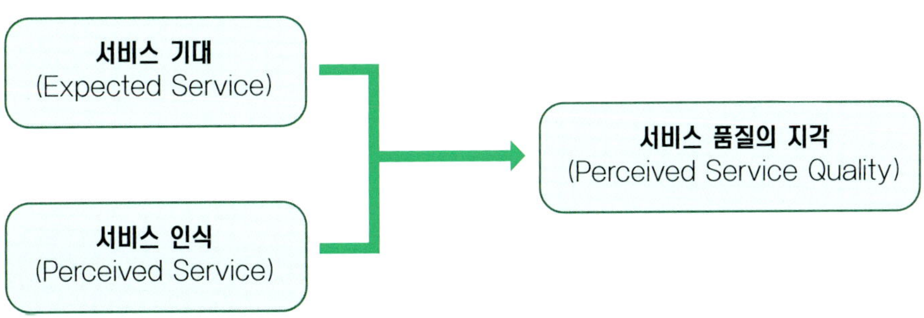

3) 서비스 품질의 구성 요인

■ PZB SERVQUAL

PZB 는 5차원으로 Service quality를 측정하는 요인으로 정리하였다.

[표 3-2] PZB SERVQUAL

구성 차원	정 의
신뢰성 (reliability)	약속된 서비스를 정확하고 믿을 만하게 수행할 수 있는 기업의 능력
유형성 (tangibles)	물리적 설비, 장비, 접촉요원, 커뮤니케이션 수단 등의 양태
응답성 (responsiveness)	즉각적인 서비스의 제공, 고객의 요청에 도움을 줄 수 있는 정도
확신성 (assurance)	직원의 예절, 지식 및 확신과 믿음을 줄 수 있는 능력
공감성 (empathy)	고객에게 개별적인 관심과 애정을 표시하는 능력

SERVQUAL 점수 = 고객의 지각 점수 - 고객의 기대 점수

서비스 품질(또는 수익성) = 서비스 만족도(service satisfaction)
= 산출(delivery) - 기대(expectation)
= 지각(perception) - 기대(expectation)

[표 3-3] Zeithaml, Parasuaman, Berry의 고객의 서비스 품질평가 기준

요 인	정 의
유형성	서비스의 평가를 위한 외형적인 단서
신뢰성	약속된 서비스를 정확하게 수행하는 능력
응답성	고객을 돕고 즉각적인 서비스를 제공하려는 의지
능 력	서비스를 접촉하는데 필요한 기술과 지식의 소유
예 절	고객과 접촉하는 종업원의 친절과 배려, 공손함
신용도	서비스 제공자의 진실성, 정직성
안전성	위험, 의심으로부터 자유
접근 가능성	접근 가능성과 쉬운 접촉
커뮤니케이션	고객의 말에 귀 기울이고 고객에게 쉬운 말로 알림
고객의 이해	고객과 그들의 욕구를 알려는 노력

[표 3-4] Gronroos의 6가지 구성요인

기 준	내 용
1. 전문성과 기술 (professionalism and skill)	전문적인 방안을 이용해서 서비스공급자, 종사원, 운영체계, 그리고 물리적인 자원들이 자신들의 문제를 해결하는 데 필요한 지식과 기술을 가지고 있다고 고객들이 인식하는 것.
2. 태도와 행동 (attitudes and behavior)	고객들과 접촉하는 서비스 종사원들이 매우 친절하고 자발적으로 고객들에 대해 관심을 기울이고 문제를 해결하는 관심을 기울인다고 고객들이 느끼는 것.
3. 접근성과 융통성 (accessibility and trustworthiness)	서비스 공급자, 서비스기관의 위치, 운영시가ㄴ, 종사원, 운영체계 등이 서비스 받기 쉬운 위치에 존재하도록 설계하고 운영되며, 고객의 바람과 수요에 따라 융통성있게 조절되어질 수 있다고 고객들이 느끼는 것.
4. 신뢰성과 믿음 (reliability and trustworthiness)	무슨 일이 벌어지든지 서비스공급자, 종사원과 운영체계 등이 약속을 잘 지키고 고객들에 대한 생각을 최우선 고려요인으로 서비스를 행할 것이라고 믿을 수 있다고 고객이 느끼는 것.
5. 서비스 회복 (recovery)	뭔가 잘못되거나 예측하지 못했던 일이 발생했다하더라도 서비스공급자가 즉각 그리고 능동적으로 바로 잡으려고 노력하고 새롭고 수용가능한 해결대안을 찾아내려고 한다고 고객이 느끼는 것.
6. 평판과 신용 (reputation and credibility)	서비스공급자의 운영이 신뢰받고 서비스 이용요금에 대해 가치를 부여할 수 있으며, 고객과 서비스공급자에 의해 그 서비스운영이 성과와 가치를 나타낸다고 공감할 수 있다고 고객이 믿는 것.

서비스 가치

서비스 가치의 고객평가는 고객의 희생(화폐적 희생, 비화폐적 희생 등)과 효익에 의해 결정되며, 고객의 준거 틀에 의해 나타난다. 지각된 서비스 가치에 대한 많은 연구는 '서비스 가치는 서비스를 얻기 위해서 필요한 희생과 서비스로부터 얻어지는 지각된 효익을 소비자들이 비교'하여 나타나는 것으로 보았다. 이러한 것으로 볼 때 서비스가 판매되는 방식을 결정짓는 중요한 경쟁요인 중 하나가 서비스 가치라고 할 수 있다. 가치란 투자된 돈, 시간, 노력과 비교해 보다 많은 것을 획득하려고 하는 고객의 관심을 반영하고 있다.

3. 고객만족 경영

1) 고객만족 경영의 이해

(1) 고객의 의미

고객이란 제품 및 서비스를 제공받는 사람들을 의미한다. 이 때 대가를 지급하는가 아닌가는 문제가 되지 않는다. 흔히 고객이라 하면 돈을 지급하여 물건을 사주는 손님을 연상하지만 기업 입장에서 보면 제품을 구입하는 사람과 실제로 그 상품을 사용하는 사람은 다른 것이 보통이므로 제품을 사용하는 사람을 고객으로 인식하여야 한다. 소비자는 당연히 고객의 범주에 포함된다.

고객과 소비자의 차이점이라 한다면 고객과 달리 소비자는 그 물건을 가공하거나 부가가치를 붙여서 판매하지 못하고 스스로 사용한다는 점이다. 물론 고객의 개념 가운데 이미 그 상품 및 서비스를 구입하여 사용할 가능성이 있는 잠재 고객 및 기대 고객도 포함된다. 또한 거래처, 협력업체, 주주, 그리고 종업원 또한 고객이 된다. 고객을 크게 세 부류로 분류한다면 사내 고객(종업원), 중간 고객, 그리고 최종 고객으로 나누어 볼 수 있다.

최근 사내고 객이라는 용어가 미국 및 일본에서 사용되기 시작하였는데 이는 종업원을 가리키는 말로 이들이 자기회사에 대해서 호감을 갖고 밖에서도 자기회사에 대하여 칭찬을 하면 할수록 최종 고객인 외부 고객이 우리 회사의 상품에 관심을 갖거나 구매를 할 가능성이

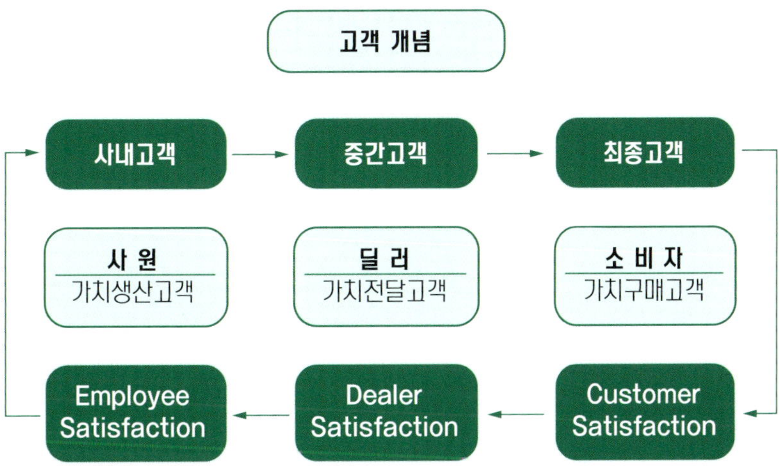

높아진다는 것이다. 따라서 고객을 만족시킨다는 것은 단순히 최종 고객을 만족시키는 것으로 이해해서는 안 된다. 최종 고객을 만족시키기 위해서는 그 이전단계에서부터 만족이 이루어져야 한다. 즉, 최종 고객의 만족을 높이기 위해서는 1차 고객인 사내 고객의 만족은 물론 2차 고객인 지원 고객의 만족이 그 기본전제로 성립되어야 한다.

고객이 찾지 않는 제품은 무용지물이며, 고객이 없는 업장 또한 망하게 되어 있다. 지금은 고객의 시대이다. 고객의 소리에 귀 기울여야 하며, 고객이 무엇을 원하는지, 정확히 파악하는 것이 중요하다. 고객의 요구 사항을 빨리 알려면 고객의 습관, 특징, 관심 사항을 알아야 하며, 막연하게 원하는 것을 구체적이고 명확하게 표현하도록 도와주어야 한다. 제품을 제공하는 제공자 중심이 아니라 고객의 욕구가 있는 제품을 생산하는 것이 중요하며, 필요한 제품을 찾는 고객이 있을 때만이 제품의 효용 가치가 있다고 할 수 있다. 이것이 바로 고객 중심의 소비재 창출이라고 할 수 있다.

(2) 고객 만족(Customer Satisfaction)의 개념

고객 만족이란 고객과 눈높이를 맞추는 것이다. 고객의 기대에 부응하여 그 결과로써 상품, 서비스의 재구입이 이루어지고 아울러 고객의 신뢰감이 연속되는 상태(J.A. Goodman)라고 할 수 있다. 고객이 무엇을 원하고 있으며, 무엇이 불만인지 알아내서 고객의 기대에 부응하는 우수한 제품과 좋은 서비스로 고객이 같은 제품, 같은 회사, 같은 장소에서 구입하도록 상황을 창출해 나가는 것이다.

$$\text{고객만족} = \frac{\text{실행된 서비스(상품품질, 서비스, 평판)}}{\text{투자한 만큼의 기대(시간, 돈, 관심)}}$$

대부분의 경영자들은 고객만족과 구매 의도 간에는 높은 상관관계가 있다고 가정하기 때문에 고객만족이 높아지면 그 회사제품에 대한 소비자의 구매비중과 추천율이 높아질 뿐 만 아니라 더 높은 가격을 지불 의향도 생기게 되며 기업의 제품이나 서비스에 만족한 고객은 기업에게 이윤을 가져다 줄 것으로 믿고 있다.

최근에는 고객 만족 수준이 높아지더라도 이것이 반드시 반복 구매와 판매의 증가로 이어지지 않는다는 연구 결과들이 발표되고 있으며, 반면에 서비스 품질과 고객 만족의 수준을 높이는 것이 고객 충성도(customer loyalty)와 연속적인 재구매로 이어진다는 주장도 제기된 바 있다. 또한 고객 만족 정의에는 고객 만족을 바라보는 관점에 따라 고객 만족을 결과

(outcome)또는 과정(process)에 강조를 하느냐에 따라 2가지 유형이 존재한다. 전자는 고객 만족을 소비 경험의 결과로 개념화하고 있다.

고객 만족의 정의

Howard & Sheth는 고객이 치른 대가에 대한 적절 또는 부적절하게 부상을 받았다고 느끼는 지각된 상태라고 정의하였다. Westbrook & Reilly는 구입한 특정 제품이나 서비스와 관련하여 소매점 혹은 구매행위, 소비자 행동과 같은 좀 더 넓은 의미의 행동이나 시장전체의 경험에 대한 감정적인 반응이라 정의하였다. Oliver는 불일치된 기대와 서비스가 소비경험에 대한 사전적으로 가지고 있던 감정이 복합적으로 결합하여 발생된 종합적인 심리적 상태라고 하였다.
반면에 과정의 입장에서 초점을 맞춘 고객만족의 정의를 살펴보면, Hunt는 소비경험이 최소한 기대되었던 것보다 좋았다는 평가라고 정의하였다.
또한 Tse & Wilton은 사전기대(혹은 성과에 대한 다른 규범)나 소비 후 지각된 제품성과 사이의 차이에 대해 보이는 소비자의 반응 등으로 정의 될 수 있다.
이러한 정의들은 평가과정을 고객만족 저변에 중요한 요소로 제시하고 있다. 이와 같이 과정 지향적 접근은 결과 지향적 접근과는 달리 여러 이점을 가지고 있다. 즉, 과정 지향적 접근은 소비 경험을 다루고 있어 각 단계에서 중요한 역할을 하는 각 요소들은 개별적으로 측정하여 중요한 과정을 확인시켜 준다. 또한 고객 만족을 형성하는 지각적, 평가적, 심리적 과정 모두에 대한 검토를 가능하게 해준다. 이러한 점에서 대다수의 연구에서 과정 지향적 관점을 채택하고 있다.

■ 고객 만족의 중요성

첫째, 한 기업이 제공하는 상품 및 서비스에 만족한 고객은 다시 그 기업의 상품을 구입하게 되고 고정고객이 된다. 또한 만족한 고객을 많이 확보한 기업은 다른 경쟁사의 시장진입을 어렵게 하는 진입장벽 효과를 누릴 수 있다. 이 외에도 만족한 고정 고객은 기업이 신제품, 신 시장 진입을 시도할 때보다 호의적인 반응을 보여서 신제품이나 다른 사업으로의 확장을 도와 기업의 성장을 도모해 준다.

둘째, 마케팅비용의 효율성을 제고해 준다. 만족한 고객은 주변 사람들에게 구매를 유도하는 구전효과가 있다. 즉 구전 광고를 통한 광고 효과를 기대할 수 있는 것이다. 가까운 친구나 친척이 권유하는 제품은 신뢰도가 높다는 것을 감안할 때 만족한 고객의 구전 광고야 말로 광고효과가 무척 크다. 그러나 불만족한 고객을 자꾸 양산하고 이들의 불만족을 외면하면 그들은 경쟁사제품의 구매자가 될 것이고 나쁜 구전을 퍼뜨려 결국 기업 입장에서는 잠재고객까지도 잃게 되는 이중의 손실을 보게 될 것이다.

셋째, 고객이 만족하면 가격 우위효 과를 가질 수 있다. 고객만족도가 높은 기업은 경쟁사에 비해 높은 가격수준을 책정할 수 있으므로 가격 우위 효과를 통해 장기적인 관점에서 높은 이윤을 창출할 수 있다. 처음에는 선뜻 제 가격을 지급하려 하지 않던 고객들도 제품을 사용하고 만족을 느끼게 되면 가격을 지급하는데 주저하지 않는다. 뿐만 아니라 더 큰 만족을 얻기 위해 더 높은 가격의 제품을 구입할 용의도 가지게 된다.

넷째, 판매비용을 절감할 수 있다. 만족한 고객에게는 처음 구매의 1/5정도의 비용으로 재구매를 유도할 수 있다. 만족한 고객이 다시 그 회사의 제품을 찾는 것은 주위의 권유가 아니라 자발적인 의지에 의한 것이므로 판매원은 파는데 드는 시간과 노력을 절감할 수 있다. 이렇듯 기존 고객의 만족도를 높여 수익을 얻는 방법은 신규고객을 개척하는 방법에 비해 대상 자체가 명확하게 표적 시장이 명확하기 때문에 효율적으로 접근할 수 있다는 장점이 있다.

(3) 고객 만족의 구성 요소

고객은 항상 옳은 소리만을 기업에 들려준다. 고객의 불평이나 클레임은 고객이 잘못해서가 안라 기업이 잘못해서 나오는 것이다. 침묵하고 있는 대다수 고객의 마음을 사전에 파악해서 다시 우리 업장을 찾도록 하는 것이 기업의 생존을 결정짓는 매우 중요한 일이라 할 수 있다.

① 제품/상품

제품은 질로 평가된다. 가격경쟁이 심화되면서 점점 품질에는 큰 차이가 없어지는 추세이다. 이로 인해 제품 뿐만 아니라 매장의 분위기, 판매원의 서비스와 같은 비중이 증대되었다고 볼 수 있다.

② 서비스

제품에 비해 상대적으로 서비스에 대한 욕구가 커지고 다양해져서 서비스의 차별화가 기업의 성패를 가름하게 되었다. 최고의 품질, 최고의 서비스를 제공하여 고객으로 하여금 당당하고 정당한 가격을 받아야 한다. 무한경쟁의 시대라고 해서 무조건 가격을 내린다거나 서비스의 품질을 생각하지 않고 간과한다면 고객의 수는 자연적으로 줄어들 것이다. 뷰티 서비스 업장의 실정에 맞는 합당한 가격과 서비스의 품질을 채택하여 적절하게 현실에 도입하는 것이 중요하다.

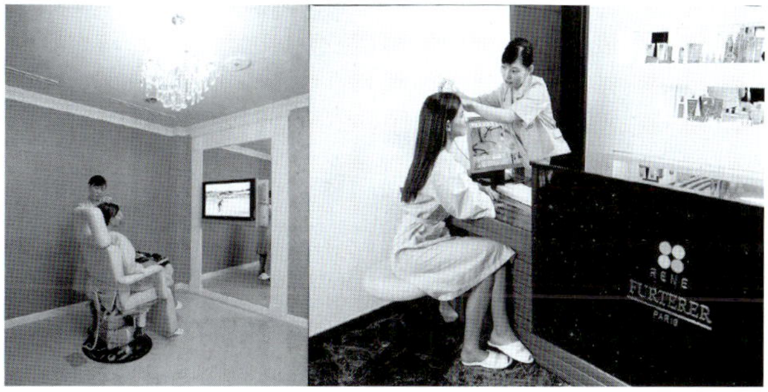

③ 기업의 이미지

기업의 이미지는 단시간 내에 이루어지는 것은 아니다. 기업의 성장이란 단순히 규모가 확대되는 것만을 말하는 것은 아니고 기업의 가치를 극대화 시켜 소유주, 투자자, 소비자를 포함하여 모두에게 이익을 가져다 줄 수 있는 것을 말한다.

고객 만족도

최근 많은 기업에서 고객만족도 조사를 시행하고 있는데 일부 산업에서는 잘못 시행되고 있는 것을 볼 수 있다. 일부 은행이나 보험회사가 지점이나 대리점을 평가하기 위한 수단으로 고객만족도 조사를 시행하고 있는 것이 대표적 예이다. 이는 단기적으로 고객서 비스가 좋아지겠지만 장기적으로는 직원들의 저항에 부딪쳐 오히려 서비스 수준을 떨어뜨리는 결과를 초래할 수 있다. 따라서 고객

만족도 조사는 평가의 목적이 아닌 문제해결을 위한 관점에서 접근해야 한다.
고객만족도 조사를 통해 나타난 문제점을 풀기 위해서는 고객에게 불만을 야기하는 원인을 기업 내부에서 찾아 이를 근원적으로 해결해 고객만족 경영을 추진할 수 있는 체계를 구축하는 일부터 시작해야 한다. 고객만족 경영체계는 우선 첫 단계로 추진조직구성, CS(customer servoce) 교육, CS 선포식 등 고객만족 경영을 위한 풍토를 조성해야 한다. 그 다음으로 CS 이념 및 비전을 설정해 기업이 나아가야 할 방향과 목표를 공유하도록 하며 제3단계로 고객만족도조사를 실시해 고객의 불만요소를 파악해야 한다. 제 4단계에서 이를 기초로 CS 비전과 목표를 달성하기 위한 CS 전략을 수립하고 제 5단계인 현장실천을 거쳐 마지막 단계인 성과보상을 시행하는 것으로 요약할 수 있다. 이미 고객만족 경영을 추진하고 있는 기업은 일부 사업단위에서 추진하던 고객만족 경영을 개발과 생산, 물류 그리고 영업 등 전사적인 측면에서 총체적으로 추진함으로써 고객의 입장에서는 어느 것에도 나무랄 데가 없는 경영품질을 달성하도록 해야 한다. 1990년도 초에 많은 기업들이 추진했던 기업 문화 운동을 이제는 고객을 중심으로 재정립할 필요가 있다.

2) 고객만족경영의 성공요건

(1) 종업원의 만족

서비스의 질을 송두리째 파괴할 수 있는 것은 바로 불만이 있는 조업원이라 할 수 있다.

"불만이 있는 종업원들은 테러리스트들과 같다"라는 말이 있듯이 열 명의 종업원이 잘해도 한 명의 종업원이 잘못하면 전체의 고객만족도는 떨어질 수 있다. 이것은 바로 대접받는 종업원만이 고객을 친절하고 성의껏 대할 것이기 때문이다. 이렇듯 종업원은 고객과 똑같이 소중하며 또 소중하게 다루어야 한다. 그것이 회사의 이익으로 이어지는 지름길이기 때문이며, 종업원에게 아무리 뛰어난 고객서비스를 기대해도 종업원에 대한 대우가 나쁘면 절대 질 좋은 고객서비스를 기대하기 어렵다.

1990년에 미국의 서비스기업으로는 처음으로 말콤 볼드리지 상을 수상한 Federal Express사의 경우 종업원만족을 고객만족의 전체 조건으로 생각하면서 고객만족을 추진하고 있다. 이 회사는 종업원이 9만 4천 여 명이며 1990년도의 수익이 70억 달러나 되는 거대한 항공운송회사로서 "무조건(Absolutely), 확실하게(Positively), 하룻밤 사이(Overnight)"

에 배달한다는 경영이념을 종업원들에게 행동준칙으로 명확하게 제시하고 있다.

"종업원은 고객을 만족시키는 서비스를 낳고 고객을 만족시키는 서비스는 이익을 낳는다"는 확고한 고객만족경영을 실천하고 있는 우수기업이다. 종업원이 바로 고객이라는 생각은 이 회사 스미스 회장의 "종업원이 최우선이다. 고객만족은 종업원만족에서 시작한다. 서비스의 품질은 종업원의 손에 달려 있다."는 말에 잘 나타나 있다.

어떤 특정한 작업에서 담당직원이 바뀔 때의 비용을 생각해보면 종업원들에게 좀 더 잘 대해야 하는 이유가 명확해 진다. 업무에 숙련되지 못한 새로운 담당자로 대체될 경우 노동력은 떨어지게 마련이며, 이에 따른 비용도 급격히 증가한다. 결론적으로 고객만족의 성공은 종업원의 역할과 중요성을 인식하는 것에서 시작된다. 기업의 최고 경영자에서부터 실무자에 이르기 까지 종업원이 행복하지 못하면 고객만족은 이루어질 수 없다는 사실을 인식해야 한다. 기업의 고객 만족은 다음 그림과 같이 순환한다고 볼 수 있다.

※자료: 이유재, 서비스마케팅, 1999

기업의 서비스 품질과 질 좋은 서비스 실행을 위하여 기업은 어떤 노력을 기울여야 할 것인가? 종업원들에 일에 대한 만족, 직장에 대한 만족, 근로조건에 대한 만족, 회사에 대한 만족을 제공하여야 한다. 종업원들이 이해하고 받아들여야 하며, 종업원의 자발적 참여를 통해 고객만족이 가능한 것임을 명심해야 한다.

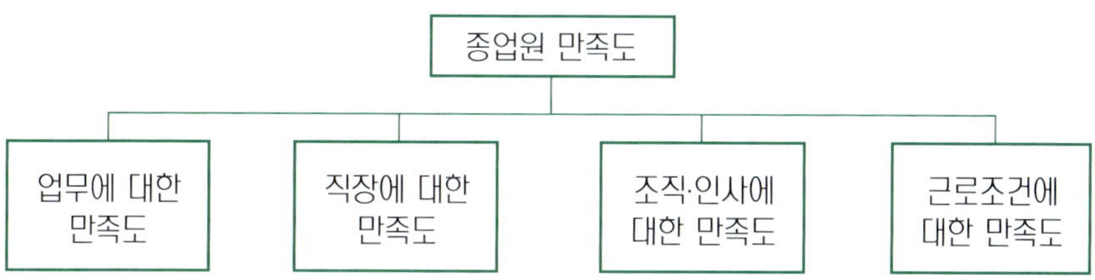

종업원의 동기부여를 위해 회사의 방침이나 목표를 명확히 세워 제도의 개선을 도모하는 것이 중요하다. 설정된 목표를 향해 종업원과 경영자가 함께 노력할 때 성취감을 향한 동기부여는 더욱 높아질 수 있다. 경영자는 바람직한 기업문화의 창조에 이바지하여야 하며 조직 내의 커뮤니케이션이 원활하도록 소집단의 활동을 지원해 주어야 한다. 또한 구성원들의 능력에 맞는 업무를 배치하는 것 또한 개인의 능력개발에 도움을 준다. 조직 내의 공식적인 조직보다는 비공식적인 조직을 형성할 수 있도록 자연스러운 분위기를 만들어 주는 것도 종업원의 동기유발에 영향을 준다.

요즘 웰빙 문화와 더불어 기업 내 건강에 초점을 둔 자연스러운 비공식적 모임이 늘어나고 있는데, 퇴근 후 스포츠센터에서의 운동모임과 건강을 위한 동호회 모임을 통하여 직원들의 복지 차원의 지원이 확대되고 있고 있으며, 이로 인한 일의 능률은 더욱 향상되고 있는 것으로 보고되고 있다. 이러한 비공식적 모임의 장점은 스트레스의 해소방법이 되기도 하고, 무엇보다도 직원 간의 갈등을 해소하고 결속을 다지는 역할을 하기 때문에 그들의 생산성에도 결정적인 영향을 끼친다는 것이다.

(2) 고객니즈 개발

① 고객만족도 조사

기업의 존속과 기업의 최종목표는 고객을 만족시켜 이익의 증대와 매출의 순환이라고 할 수 있다. 따라서 기업의 관건은 기업의 이익 창출을 위한 모든 활동이 고객의 만족도에 달려 있다. 오늘날 고객만족은 기업의 궁극적 성패를 좌우하는 주요한 요소이며, 이를 위한 기업 활동의 시작은 고객의 욕구를 파악해 내고 이를 효과적으로 충족시켜 나가는 것이다.

그렇지 못한 기업은 자연히 도태될 수밖에 없다. 더욱이 오늘날 고객의 욕구는 날로 다양화되고 개성화되고 있어 '고객'은 있어도 '고객들 '은 존재하지 않는다고 할 수 있다. 기업의 입장에서는 대량의 제품과 서비스를 개발하여 대다수의 만족을 얻어야 하는 과제를 갖고 있다. 실제로 동일한 욕구를 갖는 고객들은 존재하지 않으며 단지 기업들이 그러하리라 가정할 뿐이라는 것이다. 따라서 가장 먼저 해야 할 일은 자신들의 고객이 누구이며 그들의 욕구가 무엇인지를 파악하는 것이다. 이를 위하여 각 기업들은 고객만족도 조사를 실시하고 있는데 이는 객관적으로 실시되어야 하며 주기적으로 실시함으로써 기간 경과에 따른 추이를 분석해야 한다. 고객만족도 조사는 각 속성에 대해서 구체적으로 파악할 수 있지만 시간이 오래 걸리므로 즉각적인 조사를 하기가 어렵다. 따라서 고객 입장에서 수시로 즉각적으로 제기되는 고객의 소리를 파악해야 한다.

고객의 소리, 고객만족도 조사, 내부고객만족도 조사를 통해 수렴된 불만 사항은 빠르게 제거하도록 하고 나아가서 만족도를 향상시킬 수 있는 고객만족 경영전략에 반영되도록 하여야 한다.

고객만족도 조사

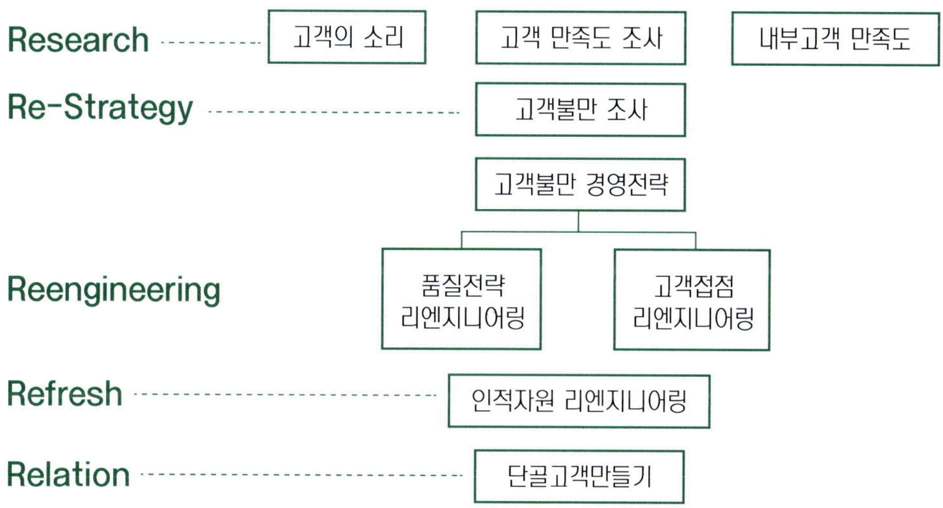

② 고객의 욕구

제품과 서비스의 구매력을 높이려면 고객의 욕구를 정확히 파악하는 것이 중요하다. 고객들의 욕구는 다음과 같이 종합해 볼 수 있다.

- 환영받고 싶어 한다.
- 관심을 바란다.
- 중요한 사람으로 인식되기를 바란다.
- 편안해지고 싶어 한다.
- 존중받고 싶어 한다.
- 기억되기를 바란다.

매슬로우(Abraham Maslow)의 욕구단계설에 의한 서비스 욕구

매슬로우(Abraham Maslow)의 욕구 이론은 인간의 욕구를 다섯 단계로 나누어 설명한 이론으로 가장 잘 알려지고 널리 적용되어 온 이론이다. 미국 출신의 심리학자인 매슬로우는 인간의 본성에 세 가지 가정을 바탕으로 동기부여이론을 개발하였다.

■ 인간 본성의 3가지 가정

- 인간은 만족할 수 없는 욕구를 가지고 있다.
- 인간의 행동은 만족하지 못한 욕구를 채우는 것을 목표로 한다.
- 인간의 욕구는 기본욕구(생리적, 안전)에서부터 상위의 욕구(사회적, 존중, 자아실현적)까지 5단계로 되어 있다.

매슬로우는 기본 욕구가 최소한의 정도라도 충족이 되지 않으면 다음 단계의 욕구가 한 개인의 행동에 영향을 미치기 어렵다고 주장한다.

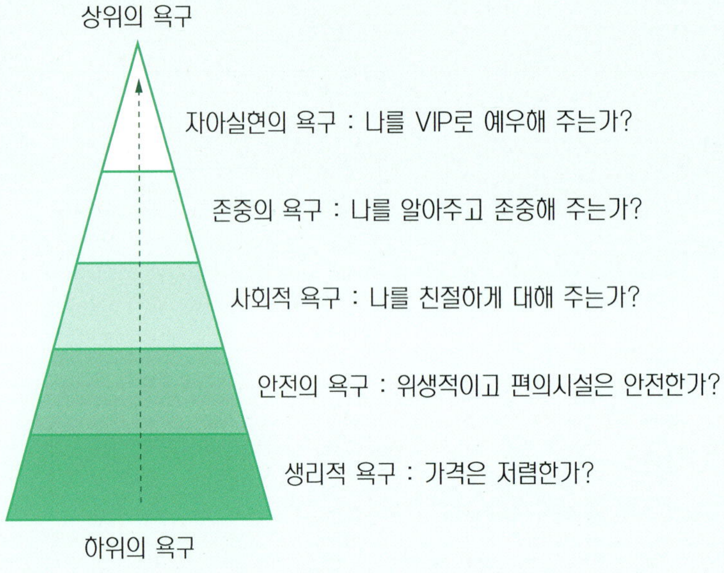

(3) 고객 접점서비스

① 고객접점의 요소

가) 하드(hard)적 요소

하드적 요소는 상품이나 시설을 의미한다. 뷰티서비스 업장의 시술적인 부분보다는 부가적인 시설, 즉 대기실의 편안함, 인터넷의 사용 여부, 커피나 음료를 마시는 공간 등이 고객을 끌어들이는 하드적 요소들이 된다.

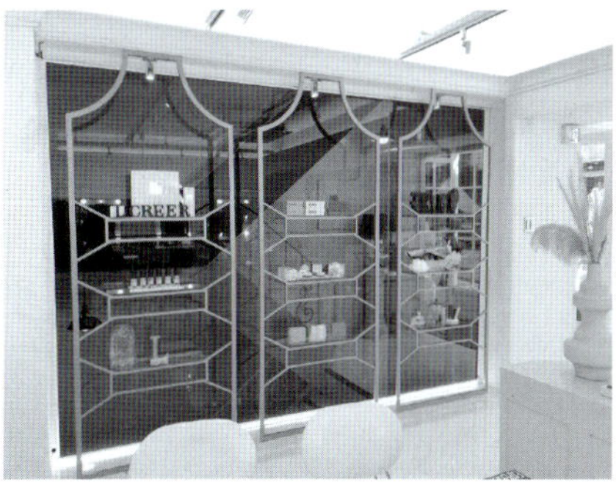

나) 소프트(soft)적 요소

소프트적인 요소는 서비스와 스피드를 포함한다. '시(時)테크'라는 개념이 말해주듯 현대인들은 시간의 낭비 역시 금전적인 손실로 인지할 만큼 스피드를 중요시 한다. 서비스업에서 고객이 기다리는 시간을 최소화하고 기다리더라도 유용한 시간이 될 수 있는 공간과 서비스메뉴가 잘 개발되어야 한다. 이에 서비스 마인드와 접객 서비스 등도 포함된다.

다) 인간적(human)인 요소

고객과의 지속적인 인간 관계는 단골고객 전략의 핵심이라고 할 수 있다. 이런 인간적인 요소는 하드적 요소와 소프트적 요소가 결합되어야만 고객 접점에서 진정한 고객 감동이 이루어진다.

고객접점의 요소

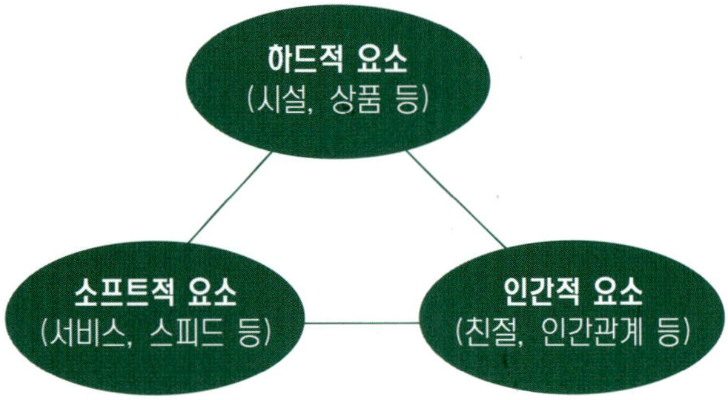

② MOT(Moment of Truth)의 이해

MOT란 스페인의 투우 영어인 ' Moment De La verdad'를 영어로 옮긴 것인데 스웨덴의 마케팅 학자인 리차드 노만(R. Norman)이 서비스 품질관리에 처음으로 사용한 용어이다.

'투우사가 소의 급소를 찌르는 순간'
'피하려 해도 피할 수 없는 순간'
'실패가 허용되지 않는 중요한 순간'
'진실의 순간'
'결정적 순간'

고객과 처음 만나는 접점이 매우 중요하며 하루에도 수백 번의 MOT가 발생한다고 볼 수 있다. 제품 판매 뿐 아니라 기술과 서비스 판매를 하는 곳은 모두 고객을 1:1로 상대하게 되는 접객 서비스가 기본이다. 뷰티 서비스 업장에서는 기술과 동시에 서비스가 실행이 되기 때문에 비교적 긴 시간을 고객과 접촉하게 되며 서비스가 끝날 때까지 접점의 순간은 수없이 맞이하게 된다. 서비스의 마인드를 갖기란 쉬운 일이 아니며, 이는 끊임없이 훈련을 통해야 저절로 행할 수 있다는 것을 명심해야 한다. 물론 서비스 마인드를 행하기에 접근이 쉬운 성격이나 성향을 가진 사람들도 있다. 그러나 대부분의 사람들은 충분한 훈련과 지속적인 교육개발 그리고 본인의 노력 여하에 따라 훌륭한 서비스 맨이 될 수 있음을 인지해야 한다.

또한 어느 분야를 막론하고 서비스 마인드가 선택사항이 아닌 필수 사항이란 것을 잊지 말아야 한다.

MOT의 행동 포인트

- 기본에 충실한다.(back to the basic)
- 뭔가 다르다는 느낌을 준다.(feeling if something special)
- 추가적인 가치를 제공한다.(attention to value added action)
- 사람을 존중한다.(attention to people)

③ MOT의 실천방안

가) 호감을 주는 표정훈련

얼굴 표정으로 그 사람의 현재 심리상황을 잘 알 수 있는 것은 표정이다. 상황에 맞는 표정연출이 가장 좋은 표정이며, 평상시 내가 갖고 있는 표정은 스스로 노력 여하에 따라 결정된다. 내가 짓는 표정은 나와 내 주위 사람들에게 영향을 주며 표정이 자아내는 기분도 주위에 전파된다. 미소 띤 얼굴은 자신은 물론 상대방의 기분까지도 좋게 해 준다. 호감 가는 미소는 마음에서부터 시작되며, 즐겁고 긍정적인 마음이 자연스러운 미소를 만든다. 미소는 연습이며 전염성이 있다. 평소 호감 가는 얼굴이 아니고, 표정이 무겁다는 말을 듣는 삶은 끊임없는 미소 짓는 연습을 통해야 고쳐질 수 있다. 처음에는 어색해도 순간 기분이 좋아진다. 특히 서비스 현장에 있는 서비스 맨 들은 미소 짓는 표정 관리는 기본이 되어야 한다.

나) 자세와 동작

자세와 동작은 언어의 의미를 더해주며 보조적 역할을 한다. 대화의 내용에 따라 적절한 자세를 취하는 것은 상대방에 대한 예의이다. 마주앉은 상태에서는 상체를 상대에게 기울여 장단을 맞춰주는 것은 좀 더 경청하는 느낌을 주며, 한 손을 뺨에 대고 대화를 한다면 상대방에게 지루하다는 표현이 될 수도 있다. 또한 상체를 뒤로 젖히는 것은 상대방의 말에 관심 없다는 뜻이기도 할 것이다. 이렇듯 어떤 자세를 취하느냐에 따라 고객의 마음의 자세가 달질 수 있다고 볼 수 있다. 동작 또한 무언의 뜻을 말해준다. 두 손의 제스츄어 동작이라든지, 표정, 시선, 방향제시 등은 대화를 이끌어가는 신체의 도구로써 동작의 크고 작음, 정확하고 강력한 동작은 고객의 마음을 사로잡는 또 하나의 무기인 것이다.

다) 인사

기분 좋은 인사는 밝은 표정과 상황에 맞는 인사말이다. '어서 오십시오, 안녕하십니까?'라는 상투적인 인사말보다는 '어서오십시오, 오늘 날씨 참 좋죠, 안녕하십니까, 고객님의 의상이 참 잘 어울리시네요' 등 일반화된 인사에 부가적으로 덧붙여 상황에 맞는 인사말을 덧붙이는 것이 더욱 친절해 보이고 관심을 보이는 것처럼 들린다. 인사를 하게 되는 접점이 가장 먼저 고객을 맞이하게 되는 접점 시점이며, 이 때 고객의 소비량을 결정하게 되는 중요한 시점이라고 할 수 있다. 서비스를 받으러 왔는데도 바쁘다는 핑계로 잘 맞이해 주지 않거나 몇 번을 왔는데도 알아보지 못한다면 다시 오고 싶지 않을 것이다. 반갑게 맞이해 주는 인사야말로 서비스 맨의 기본자세라고 할 수 있다.

(4) 고객이 기대하는 서비스 추가적 관련 사진 첨가

① 즐거운 공간

고객이 제품과 서비스를 제공받고자 원하는 서비스 공간을 찾을 때는 즐거워야 한다. 친구나 가족 또는 혼자 제품과 서비스를 구매해서 구매한 행동에 대해 즐겁고 행복해하는 마음이 들어야 진정한 고객만족이 실행되었다고 볼 수 있다.

② 변화를 줄 수 있는 공간

대부분의 사람들은 늘 같은 스타일과 제품을 구매하기보다는 좀 더 나은 제품과 서비스를 제공받고 싶어한다. 이러한 변화의 추구는 더욱 다양화되고 구체적이어서 기업들은 신상품 개발에 많은 연구비를 투자하게 된다. 헤어 미용실의 경우에도 고객의 욕구 변화를 충족시키기 위해서는 늘 같은 스타일을 권유하기보다는 유행별, 계절 등에 따른 새로운 스타일을 고객에게 제안함으로써 변화를 주고 싶어 하는 고객들에게 새로움이 가득한 공간임을 인식시키는 것아 중요하다.

③ 감성을 자극할 수 있는 공간

고객들은 오감(五感)에 대한 자극을 추구한다. 세련되고 깨끗한 공간은 고객의 눈을 즐겁게 하고 맛있는 커피와 차의 향기는 미각을 좋게 하고, 아름다운 음악은 귀를 즐겁게 한다. 이렇듯 서비스 공간은 고객의 감성을 느낄 수 있는 곳이어야 한다.

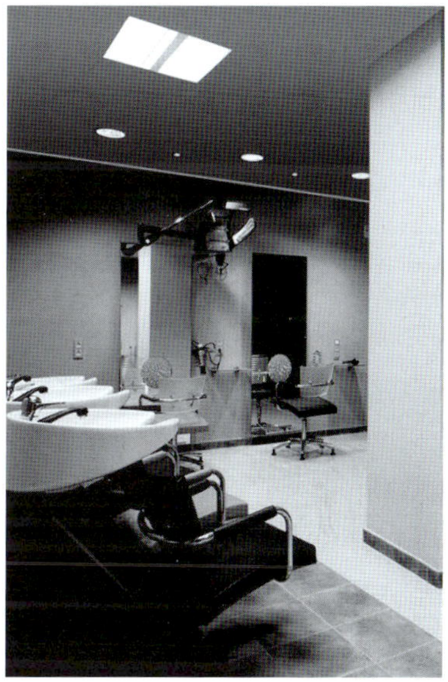

④ 이벤트가 있는 공간

요즘 구매제품과 서비스에 대한 이익금을 적립제도나 기업끼리의 제휴마케팅이 활발하게 진행되어 고객들의 이용도가 매우 높다. 이런 제휴나 공동마케팅의 활용도를 높여 고객의 제품이나 서비스의 구매력을 높이는 이벤트는 고객의 선호도가 점점 높아지고 있어 실행하는 기업이 점점 늘어나고 있는 추세이다. 반드시 기업끼리의 제휴한다기 보다는 기업과 살롱의 내부적으로도 단독 적립 포인트제를 활용하는 곳도 많아 고객의 이탈을 줄이고 단골고객화하는데 적극 활용하기도 한다.

3) 고객만족과 구매행동

(1) 고객의 구매행동

일반적으로 고객들의 구매의사 결정과정은 문제의 인식과 활성화, 정보탐색, 대안평가, 구매, 소비 및 구매 후 평가라는 다섯 단계를 포함한다. 즉 구매과정은 구매욕구의 인식 단계에서 시작하여 업체선택과정에서 종료되는 패턴을 유지하고 있으나 상황에 따라 몇 단계가 단축되거나 또는 특정 단계로 되돌아가 나머지 과정을 반복할 수도 있기 때문에 구매과정은 여러 단계가 시간적 순차성을 가지는 과정으로 파악하는 것은 바람직하지 않으며, 구매상황 및 조직형태에 따라서 순환되는 모형으로 파악해야 한다.

고객들이 구매할 때는 언제나 구매주기를 거치게 되는데 그 주기별 단계는 제품을 알게 되고, 그 다음은 최초 구매결정을 하게 되며 다음으로는 두 가지의 태도형성과정(구매 후 평가/재 구매결정)단계를 거치며 여기서 재 구매를 결정하게 되면 구매주기의 마지막 단계인 재 구매 단계로 나가게 된다.

재 구매, 구매 후 평가, 그리고 재 구매 결정에 대한 일련의 과정은 고객과 제품과 서비스를 제고하는 기업 사이의 관계가 지속되는 동안 최소 몇 차례에서 최대 수백 차례까지 반복되어지는 재 구매 고리를 형성한다.

제품구매의 주기

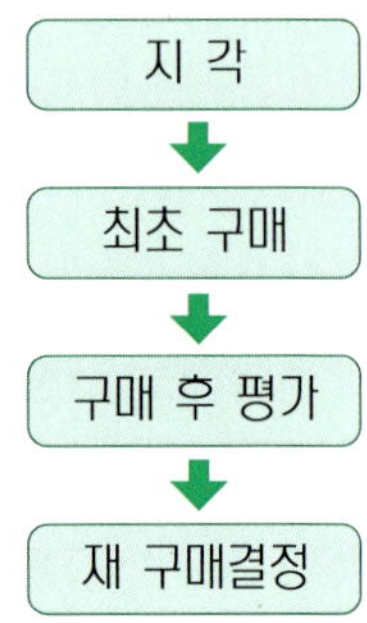

※ 자료 : Jill Griffin, op. cit., 1995

(2) 고객만족의 결과변수

구매 고리를 통해서 고객들은 제품 및 서비스에 대한 만족과 불만족을 형성하게 되고 그에 따라 여러 가지 결과물이 나는데 고객만족의 결과 변수들을 정리해 보면 다음과 같다.

① 태도의 변화

태도는 행동을 예측하는 가장 중요한 결정요건으로써 고객만족을 기대와 성과 간의 불일치의 함수로 정의할 수 있으며 이는 다시 태도 변화의 구매의도에 영향을 미친다.

② 반복 구매의도

불만족을 경험한 고객들은 재 구매 가능성이 적어지며 구매 의지 및 구매 의도는 이들의 고객만족의 정도에 크게 영향을 받는다.

③ 고객 애호(customer loyalty)

반복 구매의도와는 다른 개인이 가진 일종의 상표 충성도로 높은 고객만족을 통한 애호도의 증가, 가격 민감도의 약화, 기업평가의 증대 등을 기할 수 있게 된다.

④ 구전(word-of-word)

사람들 사이의 대면을 통한 커뮤니케이션으로써 기업의 입장에서 불만족한 고객이 행하게 되는 부정적인 구전은 서비스에 대한 사전 지식이 부족한 고객들에게 부정적인 영향을 미치게 된다.

⑤ 불평행동(complaint behavior)

고객들이 불만족의 표현을 전달하는 것으로써 주로 인지된 불만족으로 인한 느낌이나 감정에 의해 야기된다.

(3) 재 구매의도

일반적으로 고객은 제품이나 서비스 구입 후 만족, 불만족을 경험하게 되고 이에 따라 그것을 재구매할 것인지를 결정하고 주위 사람들에게 구입을 권유하는 등의 다양한 구매 후 행동을 하게 된다. 이러한 구매 후 행동은 구입한 제품이나 서비스에 대한 고객의 최종적인 평가를 반영할 뿐만 아니라 미래의 구매행동에도 영향을 미친다는 점에서 중요한 정보가 되고 있다. 즉 서비스에 대한 고객의 평가가 좋으면 고객의 재 구매의도는 커질 것이고 평가가 나쁘면 작아질 것이다. 재 구매의도에 가장 많은 영향을 미치는 요인은 고객의 만족과 불만족이다. 이러한 요인은 고객이 지각한 가격과 서비스 품질에 의해 영향을 받으며 재 구매와 직접적인 인과관계가 있다.

서비스 환경과 시설물 내에서 고객들은 그 환경에 다라 서비스 품질을 지각하게 되고 그 결과 서비스는 만족과 구매 후 평가에도 영향을 준다. 서비스 측면에서는 소비자와 종업원 사이의 인적 관계에 의해서 재 구매의도가 결정되는 것으로 보아 재 구매 의도는 제품 또는 서비스를 다시 이용할 것인지에 대한 소비자들의 평가를 가장 직접적으로 나타내 주는 지표이다. 많은 기업들이 고객의 재 구매의사를 측정하는 여러 가지 방법을 사용하고 있다.

(4) 구전(word-of-word)

구전이란 단어는 1954년 포춘(fortune)지에 소개된 고전적 마케팅 연구에서 비롯되었다. 그 당시 에어컨을 보유한 가정이 없었던 상황에서 에어컨의 설치가 무작위적으로 이루어진 것이 아니라 일종의 군집 현상을 나타내고 있다는 흥미있는 현상을 발견하였다. 이웃한 가구들이 작은 군집단위로 에어컨을 설치하고 있었는데 이는 이웃 간의 구전현상을 반영한 것이라고 주장하였다.

소비자들은 대중매체를 통한 제품광고, 판매원 등의 상업적 정보 원천으로부터 정보를 구하거나 혹은 친구나 친척 등 주위의 다른 사람으로부터 정보를 수집하고 그들의 의견을 구하기도 한다. 그러나 소비자들은 상업적 정보 차원보다는 친구나 가족 등 준거집단이 제공하는 정보나 의견을 보다 신뢰하는 경향이 있다. 신제품을 구매한 소비자가 그 제품에 만족했을 경우에는 주위의 사람들에게 긍정적인 정보를 제공하고 그 제품의 구입을 추천하지만 제품의 성능, 판매원의 서비스 등에 불만족한 소비자는 다른 사람에게 부정적인 제품정보를 제공하거나 또는 그 제품을 구매하지 않도록 설득하는 등 다양한 불평 행동을 보일 가능성이 높다. 불만족한 소비자의 부정적 구전이 만족한 소비자의 긍정적 구전보다 신제품 수용에 보다 강력한 영향을 미칠 가능성이 높으므로 기업은 부정적 구전이 신제품 수용과정에 미치는 영향을 조사할 필요가 있다.

4) 고객만족 카운슬링

(1) 상담(counseling)이란?

카운슬링(counseling)이란? 의학용어로 의사가 환자에게 병력 및 증상을 질문하여 진단하고 처방하는 것에서 시작되었다. 이에 각종 산업에서 고객이 전문가와의 커뮤니케이션을 통해 조언을 얻는 과정을 의미한다. 서비스 현장에서 카운슬링의 의미는 서비스제공자가 고객에게 고객의 스타일이나 원하는 시술, 불만족 상태 등을 질문하여 진단하고 시술하는 것으로 이해할 수 있다. 결국 카운슬링은 고객의 내면 및 외면적인 요망을 가능한 많이 돌출시켜 그것을 분석하고 전문가적 지식을 통해 명확한 형태로 돌출시켜 최종 결정과 조언을 고객에게 이해시키는 중요한 일이라 할 수 있다.

그렇다면 성공적인 카운슬링을 위해서는 어떠한 지식이 필요할까? 가장 중요한 것은 전

카운슬링의 이점

■ 고객의 입장

- 자신의 희망 사항이나 요구조건이 충분히 전달될 수 있다.
- 서비스 제공자의 시술에 대한 이해가 빨라지고 자신에게 맞는 스타일에 대한 조언을 받을 수 있다.
- 시술 후 상태를 예상할 수 있어 안심하고 시술을 받게 된다.

■ 서비스제공자의 입장

- 고객을 이해시켜 신뢰감과 속에 시술하므로 자신의 기술에 대한 어필이 가능하다.
- 시술 중 고객과의 커뮤니케이션의 질이 향상된다.
- 대화 중 매출과 관련된 사항의 접근이 용이하다.
- 효율적인 작업이 가능하므로 빠른 시술이 용이하다.
- 고객클레임이 최소화 된다.

문가적인 지식이다. 담당하고 있는 서비스 분야에서 기본적인 이론과 지식을 우선으로 갖추고 있어야 한다. 인터넷이나 매체를 통해 고객들은 이미 자신의 관심사에 관한 한 일정 수준의 지식을 갖고 있다. 이에 전문가라면 고객이 원하는 분야의 지식의 깊이가 있어야 하며, 또한 고객의 잘못된 상식을 설명해 줄 수 있는 논리적이고 합리적인 표현력도 갖추어야 한다. 답변 시에는 고객이 이해하기 쉬운 용어나 형태를 사용하며 지나치게 전문적인 용어나 설명으로 고객을 당황하게 하거나 지루하게 하지 않도록 유의한다. 특히 고객의 연령이나 사회, 문화적 배경을 고려하여 그에 맞는 상담을 하는 것이 좋다. 매우 중요한 것은 자신이 잘 모르는 상황에 대해서는 순간을 모면하기 쉬운 답변보다는 솔직한 답변과 함께 정확한 답변을 다시 알려드리겠다는 명쾌한 대안을 제시해야 한다.

다음으로는 고객의 심리 분석적 차원의 문제이다. 같은 내용의 상담도 어느 고객이냐에 따라 긍정적인 반응과 부정적인 반응으로 상반된 결과를 낳는다. 이는 고객마다 가지고 있는 성향과 기질이 다르기 때문이다. 고객이 권위적인지, 보수적인지, 우호적인지, 비판적인지에 따라 권유하게 되는 스타일도 달라져야 한다. 상담 시 필요한 말만 원하는 고객도 있고 그런 상태를 매우 불친절하다고 느끼며, 개인 신상에 관한 대화로 부드럽게 풀기를 원하는 고객도 있다. 자신의 얘기를 하기 좋아하는 고객, 개인적인 신상에 대한 질문을 불쾌하게 생각하는 고객조차 구별하지 못한다면 이는 단지 전문가일 뿐 훌륭한 카운슬러라고 할 수 없다. 고객 성향분석은 하루 아침에 이루어지는 것이 아니며 부단한 노력과 훈련 그리고 경험과 연륜에서 비롯되는 것이다. 또한 고객 성향을 분석과 더불어 기본적인 커뮤니케이션 기법과 이미지 메이킹 그리고 자기 감성 조절 등은 카운슬러가 갖추어야 할 기본적인 요소라고 할 수 있다.

(2) 상담 과정: 카운슬링의 5단계

① 첫인상의 탐구

고객의 첫 이미지를 순간적으로 파악한다. 그 요소로는 고객의 옷차림, 자세, 말씨, 헤어스타일 등을 참고로 한다. 첫 이미지의 파악으로 카운슬러는 자신이 응대해야 할 스타일을 마음으로 결정하게 된다.

② 내면적. 외관적 부분 탐구

본격적인 카운슬링에 들어가면 고객이 어떤 모습이 되기를 원하는지 추상적인 것을 구체화시키는 작업에 들어가야 한다. 내면적으로는 고객의 성향과 심리상태를 파악해야 하며 외면적으로는 헤어 미용의 경우 고객의 인상과 얼굴, 형태의 분석이 되어야 하며, 헤어디자이너는 현재 모발과 피부의 상태를 살펴 시술의 정도를 분석해야 한다. 이 때 참고해야 할 사항은 고객의 원하는 시술과 서비스가 무엇인지를 묻고 서로 상반되는 부분에 있어서는 적절한 타협이 필요하다는 것이다. 서비스 제공자의 일방적인 강요는 자칫 고객의 불만을 일으킬 수 있다.

③ 이미지 구성

①, ②단계의 분석으로 고객의 타입, 이미지, 취향을 파악하는 과정이 끝나고 나면 현재의 유행 스타일이나 고객이 원하는 스타일을 조합하고 최종적인 이미지를 결정한다. 커뮤니케이션의 오해로 인해 고객과 카운슬러가 서로 다른 스타일로 이해하고 있지 않도록 확인하는 과정이 필요하다. 스킨케어의 경우, 이미지로 보여지기 위해서 진단기 등의 분석기를 활용하여 가능한 구체화, 객관화하는 것이 필요하다. 이렇듯, 서비스 제공자는 고객이 원하는 서비스를 구체화 시키고 고객과의 커뮤니케이션을 통한 시술의 동의를 얻는 것이 중요하다. 그래야 고객의 불만 요소가 없어진다고 볼 수 있다. 이에 컴퓨터 시스템이나 포트폴리오 등 시각적인 이미지를 이용하는 것도 좋은 방법이다.

④ 전문가적 시술

고객의 상태와 이미지에 맞춰 결정된 이미지에 대한 시술 내용을 설명한다. 시술 시간이나 서비스 시술자에 대한 간략한 소개, 사용 재료에 대한 설명과 시술 과정 및 필요시 시술 후의 명현반응 등에 대한 설명도 곁들이도록 한다.

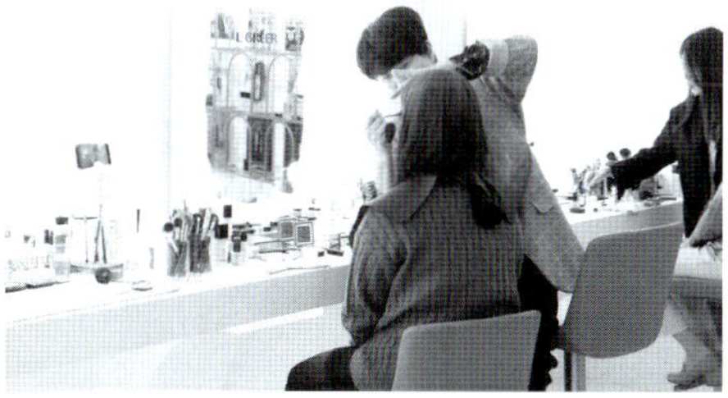

⑤ 재확인

시술 전 재확인 절차로 고객이 먼저 재확인 하는 경우도 많다. 이에 카운슬러는 고객 성향에 맞춰 스타일이나 색감, 스킨케어의 경우 과정과 전후의 예상되는 변화 등을 재확인시키며 애프터 케어에 대한 조언도 곁들이면 고객이 한층 더 신뢰하게 된다.

(3) 상담의 주요법칙

① 상대방의 정서를 읽고 원하는 것을 찾아라.

상담을 위해 내방하는 자는 고객, 환자, 내담자, 학생 등이 있으며 그들은 각기 다른 문제를 안고 상담자를 찾는다. 뷰티서비스 업장을 찾는 고객은 헤어, 피부, 네일 등 자신의 외모에 불만이 있는 부분을 재 수정하고자 찾는 사람들이다. 상담자는 고객이 갖고 있는 정서를 읽는 것은 중한 일이며, 원하는 시술의 정도를 파악해야 한다. 또한 상담자가 상담을 성급하게 통제하고 리드하려는 것은 고객의 오해를 불러일으킬 수 있으며 상담의 분위기를 악화시킬 수 있다. 그러므로 상담자는 자신에 대한 신뢰를 주는 것이 중요하다.

② 고객의 말을 인내하며 경청하라.

고객이 모두 자신이 원하는 시술과 서비스를 구체적으로 잘 표현하는 것은 아니다. 고객 중에는 생각지도 못 했는데 서비스를 받게 된 경우도 있고 무엇을 원하는지 잘 모르고 막연하게 무엇인가를 원하기도 한다. 이런 경우 고객이 원하는 것을 찾기가 어렵고 고객과 합의

점을 찾는 시간도 어렵다. 이 때 가장 상담자는 고객의 원하는 욕구를 찾을 때까지의 인내가 필요하며, 고객의 말에 더욱 경청해야 한다. 고객이 얘기하는 중간중간 질문을 던져 구체화시키는 작업이 필요하다. 간혹 상담자가 고객의 욕구를 찾게 도와주어야 한다. 상담자는 반드시 성급한 판단이나 불확실한 예측을 배제하고 본인이 이해하지 못하는 부분을 다시 듣기를 청하거나 부연설명을 통해 이해시켜주며 재확인시켜준다면 고객의 신뢰는 더욱 깊어진다고 볼 수 있다.

③ 다양한 상담기법을 활용하라.

오늘날 고객의 욕구는 너무 다양하고 개별화되어가고 있다. 원하는 서비스의 다양화로 기업들은 더 많은 제품과 서비스의 개발이 필요하게 되었다. 뷰티서비스 업장의 경우에도 예전에 비해 개성화가 두드러지게 나타나고 있다. 직접 상담자가 되어 고객과의 시술을 결정해야 하므로 문진으로만 상담하기보다는 시각적 자료를 이용하는 것이 더욱 효과적일 수 있다. 요즘은 상담 자료의 개발이 잘 되어 있어 직접 스타일을 자신에 대비해 보면서 원하는 스타일을 고객의 취향에 맞게 개발해 주기도 한다. 이렇듯 개개인에 맞는 스타일을 찾아주기 위한 상담자료의 활용은 상담시간의 단축과 고객의 욕구를 더욱 구체화할 수 있어서 고객의 만족도를 더욱 높여줄 수 있다.

5) 고객컴플레인 처리기법

① 고객 불평의 의미

사회가 고도화되고 서비스산업이 발달할수록 산업계의 두드러진 특징 중의 하나는 고객 불평의 목소리가 더욱 적극적이다는 것이다. 선진국일수록 불평불만 고객들의 목소리가 당당해지고 있으며, 심지어 TV나 라디오 같은 대중매체나 의료업계에 대한 불평도 해마다 증가하고 있는 추세다. 이에 서비스 관련 산업에서는 더 말할 나위가 없다. 우리는 이미 의문과 정보 그리고 불평의 물결 속에서 살고 있다. 서비스 마인드에서는 '어떠한 경우에도 고객

고객의 불평은 매우 환영해야 할 중요한 정보이다.

대부분의 고객은 불만이 있을 때 표현하지 않고 그 제품을 사용하지 않거나 서비스 자체를 포기한다. 심지어 그 안에서 불만을 얘기하지 않고 고객이 외부에 나가서 더 확대된 불만을 터뜨리기 쉽다. 그러나 불만을 표현하는 고객은 아직 미련이 있으며 불만을 들어주고 개선해 준다면 충분히 단골 고객이 될 수 있다.

은 항상 옳다.'라는 인식에서 고객이 설령 틀렸다 하더라도 그것은 고객이 그릇된 인식을 기초로 하여 내린 의사결정이기 때문에 서비스 제공자는 고객의 인식을 일차적으로는 그대로 받아들여져야 한다는 것이다.

② 고객 불평처리의 중요성

대부분의 현대인들은 그들이 일하는 과정에서 고객에게 어느 정도 책임감을 느껴야 한다. 고객의 서비스에 대한 기대치가 날로 증가하고 있는 시점에서 고객의 불평에 대한 유연한 대처는 고객서비스의 핵심요소라 할 수 있다. 기술적으로 비슷한 서비스를 제공하면서 경쟁해야 하는 경우 고객서비스는 그 회사의 성공 여부를 결정짓는 중요한 요인이 되기 때문이다. 그렇다면 고객 불평처리가 기업에 주는 혜택은 무엇일까? 가장 중요한 것은 고객 불평을 제대로 처리하면 기업의 이윤이 늘어난다는 것이다. 고객 불평처리에서 창출되는 이익에 대해 몇 가지 생각해 볼 수 있다.

첫째, 고객 유지율을 증가시켜 준다. 고객이 제품이나 서비스에 대해 불평을 했을 때 불평이 만족스럽게 처리되면 3/4이 다시 방문한다는 것이다. 만일 반대로 불평이 제대로 처리되지 않는다면 1/2 정도로 재방문율이 떨어진다는 것이다. 고객의 불평이 해결되면 고객 애호도를 유지하면서 이윤의 증가를 가져온다는 것이다. 더욱 중요한 것은 불만족하면서도 불평을 표현하지 않는 고객의 2/3는 다른 제품이나 서비스 제공처로 옮겨간다는 것이다. 불평을 제기한 불만족 고객이 불만족하면서도 전혀 불평하지 않는 고객보다 재방문할 가능성이 높다는 것이다. 이는 고객이 불만족할 경우 불평을 제기하도록 고무한 다음, 이어 유연한 처리로 고객의 마음을 돌려놓는다면 처음에 잃을 뻔한 매출의 75%를 되찾을 수 있다는 것을 의미한다.

둘째, 나쁜 평판과 고객 클레임을 미연에 방지할 수 있다. 고객은 항상 떠나는 순간부터 자신이 느꼈던 불만족한 경험을 이야기한다. 한 연구에 의하면 친구나 이웃, 동료나 가족 등 최소한 5명 이상에게 불평을 토로한다고 한다. 그러나 자신의 불평이 만족스럽게 해결되었다면 불만을 가졌던 고객도 친구에게 좋은 이미지를 전할 것이다.

셋째, 경영에 유용한 정보를 얻을 수 있다. 고객 불평 행동은 전략적인 수준에서 중요한 정보를 제공하기도 한다. 즉, 우리가 비용을 들여가며 행하는 고객 설문 조사나 고객 의견 카드 등은 모두 경영의 효율성과 직결되어 있다. 그렇다면 고객 불평에 귀 기울이는 것만으로도 설문 조사 이상의 피드백을 제공받게 되는 것이다. 사소한 부분이더라도 고객 불평 행동을 분석하면 모자란 서비스영역에 대한 지침이 나오게 된다. 불만족스럽다면 언제든지 얘기할 수 있도록 고객을 고무시키는 방법이야말로 비용을 들이지 않고 손쉽게 피드백을 얻을 수 있는 방법이다.

③ 컴플레인 요소

컴플레인은 고객과 첫 접점에서부터 시작된다. 고객 평가의 기준은 크게 두 가지로 나뉘어지며, 컴플레인의 요소 또한 두 가지로 분류된다.

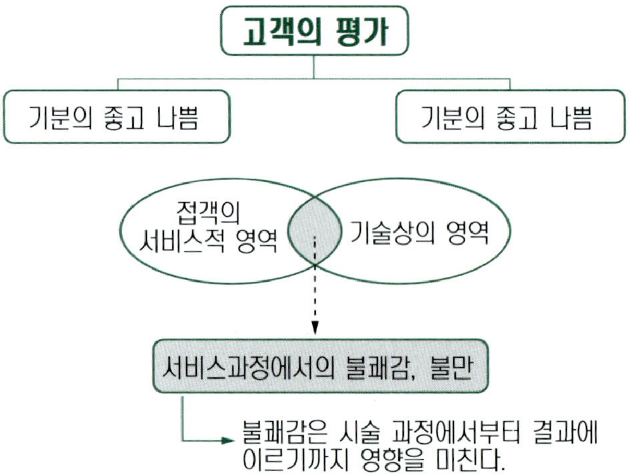

[짧은 글 긴 여운]

'제발 좀 들어 주세요'
제발 좀 들어보라고 부탁했더니, 당신은 충고부터 합니다.
제 부탁은 들어주지 않는군요
제발 좀 들어 보라고 부탁했더니, 당신은 이유부터 설명합니다.
제 느낌은 그게 아닌데 제 감정은 생각도 안 해 주시는군요.
제발 좀 들어달라고 부탁했더니, 당신이 나서서 제 문제를 해결해 주겠다고 하는군요. 저를 망치시는군요.
이상하게 들릴지 모르지만, 들어보세요.
제가 원하는 건 그것 뿐.
말하거나 행동하지 말고, 제 말 좀 들어보세요.

'고객을 얻는 데는 10달러가 소요되고
고객을 잃어버리는 데는 10분밖에 걸리지 않고
고객을 다시 찾는 데는 10년이 걸린다.'는 말이 있다.
이토록 고객은 우리들에게 소중한 존재라는 것을 인식하여야 한다.

④ 컴플레인 대처방안

■ 고객에게 신뢰를 주라.

고객이 언성을 높이거나 이성을 잃었을 경우, 일단 장소를 이동하는 것도 좋은 방법이다. 시간적인 여유는 갑자기 오른 고객의 화를 조금은 이성적으로 가라앉게 된다. "네, 고객님! 제가 처리해 드리겠습니다. 이쪽으로 와 주시겠습니까?"

■ 경청하라.

변명이나 옳고 그름을 가라는 시비로 고객의 말을 끊지 말고 경청하라. 경청하고 탐색하며 이해하지 못한 부분은 고객의 말이 끝난 후 질문하고 메모하는 습관이 중요하다. 응대하는 답변에는 고객의 의견을 공감해주는 표현을 해야 한다. "네, 그러셨군요. 정말 저라도 화가 많이 났을 겁니다." 만일 경청의 태도에 문제를 느낀다면 고객은 2차 컴플레인을 하게 되고 문제의 중심은 더욱 감정적으로 치달을 수 있다.

■ 사과하라

진심으로 사과하되 회사가 잘못한 부분을 정확히 밝히고 사과를 해야 하며 무조건적인 사과의 반복은 오히려 고객에게 형식적이고 무성의한 느낌을 줄 수 있다. 이 때 언쟁하지 않도록 한다.

■ 해결과 모색

정확하면서도 해 줄 수 있는 대안을 구체적으로 제시하며 고객의 선택을 기다린다.

만일 사안이 도저히 돌이킬 수 없는 것이라면 최대한 노력하는 모습을 보인 후 고객에게 솔직히 말씀드린 후 그와 관계없더라도 위안이 될 수 있는 다른 보안책이나 보상을 한다.

■ 실행

실행은 즉각적이며 신속하게 이행한다.

■ 사후관리

일 처리 이후에 전화나 메일 또는 친필 편지 등을 통해 고객의 사후 만족도를 확인한다. 추후 재방문 시에는 고객이 환영받고 있다는 느낌이 들도록 섬세히 신경 쓴다. 또한 트러블을 일으킨 당사자만의 책임으로 돌리지 말고 모두 이 문제를 토의하여 다시 클레임이 일어나지 않도록 하는 것이 중요하다.

컴플레인 하는 고객의 심리

- 감성적이다.
  감정 통제가 어려운 상황이며 매우 불쾌하다.
- 비이성적이다.
  객관적, 논리적인 사고보다는 주관적이고 편협 된 시각을 갖기 쉽다.
- 요구조건이 많다.
  일종의 보상심리와 자존심으로 자신의 손실 이상을 요구하는 마음을 갖기 쉽다.

컴플레인을 처리할 때 유의할 점

- 감정에 따르지 말고 객관적으로 대응할 것
- 클레임의 핵심을 파악하는 노력을 태만하게 하지 말 것
- 바쁘더라도 성의를 다해 해결하도록 노력할 것
- 변명을 한다거나 책임 전가를 하지 않을 것
- 금전 면에서의 해결을 강조하지 말 것

고객만족, 불만족의 효과

- 96%의 불만족은 불만을 표현하지 않는다. 즉 불만 고객 중 단지 4%만이 불만을 제기한다.
- 서비스에 불만을 가진 고객의 90% 이상은 두 번 다시 오지 않는다.
- 불만족 고객 한 사람은 적어도 주위의 9명에게 불만족을 이야기 한다.
- 불만이 있는 고객 중 13%는 주위의 20명에게 이야기 한다.
- 고충을 신고, 처리하는 고객 중 90% 이상은 우리의 고정고객이 된다.

IV. 인사관리

1. 인사관리의 개념

1) 인사관리란?

인사관리란 기업 목적을 달성하기 위하여 개인 및 집단의 조직 구성원을 합리적으로 활용하는 일련의 조직적이고 계획적인 절차라 할 수 있다. 기업목적 달성을 위하여 인사관리는 종업원으로 하여금 최대한으로 공헌할 수 있도록 관리해야 하므로 근로자의 경제적, 사회적, 그리고 정신적 환경조성이 필요하다. 노동력이 기계론적인 사고방식에서가 아니라 관리론적인 차원에서 경영과의 관계를 조화시킬 때 더욱 높은 효율성이 나타나기 때문이다.

따라서 인사관리란 고용 노동에 의하여 성립되는 조직 내의 인간 문제에 대한 해결과정이며, 조직의 목적 달성, 관계자 간의 이해관계조정 및 근로 의욕의 향상 등을 효율적으로 관리하기 위한 기술과 기법을 발전시키는 학문이다. 이에 경영자는 종업원의 노동생산성 향상으로 보다 많은 이윤 추구의 목적을 달성하며 종업원은 발전된 능력으로 소득을 획득하게 되고 기업은 이에 따르는 기술 발전으로 소비자에게 보다 나은 재화나 용역을 저렴한 가격으로 제공하게 된다.

인적자원의 특성

- 존엄성 : 종업원을 단순히 기계나 대가를 치르고 구입할 수 있는 상품으로 생각하지 않고 하나의 인격체라는 인식을 가져야 한다.
- 자율성 : 능동적이고 자율적인 성격을 띠므로 구서원의 욕구, 동기, 태도, 행동, 만족감 등에 따라 성과가 달라진다.

인사관리의 기본적인 과정은 다음과 같이 설명할 수 있다.

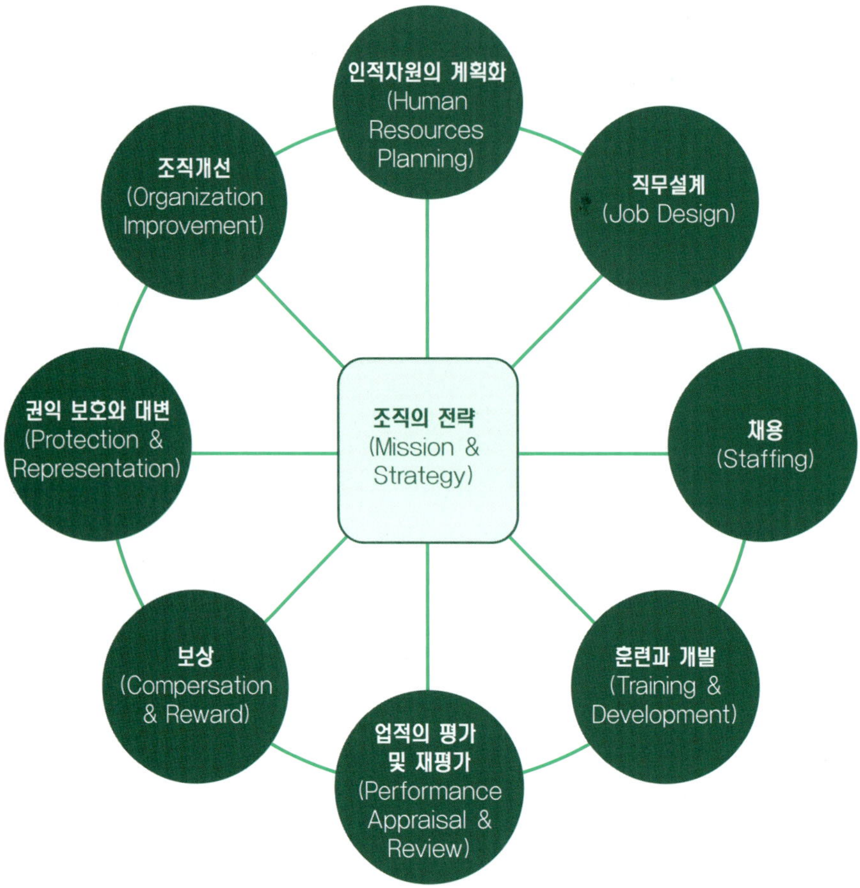

[그림 3-1] 인적자원관리의 주요 과정

즉, 조직 전략의 성공은 인사관리의 주변 요건들이 마치 하나의 바퀴처럼 원활히 굴러갈 때 가능한 것이다. 모든 과정은 각기 연결되어 있으며 한 가지 과정이라도 소홀히 하게 되면 이는 다른 모든 과정들에 영향을 미치게 된다. 이와 같은 인사관리의 기본 맥락에서 현대 기업들의 인사관리는 경영 부문에서 그 중요도가 커지고 있다.

> **인사관리란** 기업이 생산, 판매, 서비스, 기타활동에 필요한 인력을 확보, 개발, 보상, 유지 등의 활동을 말한다. 종업원을 단순히 채용하여 작업을 시키고 월급을 주는 방식에서 벗어나 이제는 종업원의 능력개발이나 육성을 통한 개인과 조직의 목표의 일치를 지향하는 개발 지향적 성격을 지닌다. 그러므로 사람을 자산(asset)으로 보아야 한다.

2) 인사관리의 중요성

현대 사회는 정보 기술의 발달, 사업의 글로벌화, 지식 경제 시대를 맞이하면서, 기업 가치 창출의 핵심 동인(動因)으로서 무형 자산의 중요성이 증가하고 있다. 지식, 기술, 브랜드와 같은 무형 자산은 재무적으로 파악할 수 있는 유형 자산에 비해 외견상 쉽게 드러나지 않기 때문에, 다른 기업들이 좀처럼 모방할 수 없는 경쟁 우위의 원천으로 작용할 수 있다.
인사관리는 기업 활동의 성패를 좌우하는 중요한 기능을 지니고 있다.

첫째, 인사관리는 경영의 모든 자원을 활용하는데 결정을 해 주는 주요한 기능을 수행한다. 투입 자원(man, money, material, method, market, management)을 변환(factors mix)시켜 가치를 창출해내고 생산성을 향상시키고 이윤을 도출해 낸다. 즉 물적 자원(physical resources), 재무자원(financial resources), 정보 자원 (information resources)등을 효율적으로 활용하도록 하는데 판단, 결정을 해 주는 가장 중요한 기능을 수행한다.

둘째, 인적자원은 다른 자원과는 달리 무한한 개발 가능성 지니고 있다. 인간은 능동적 주체이므로 그들의 욕구나 만족감에 따라 행동이 달라진다. 이에 경영자는 그들의 잠재력이 발휘될 수 있도록 전략적 경영을 해야 한다. 최근 우리 기업들이 가장 많은 관심을 보이는 경영상의 이슈는 단연 '핵심 인재 확보'일 것이다. 이는 똑똑하고 유능한 사람이 기업 전체의 생사를 결정할 수 있다는 믿음에서이다. 그러나 국내 노동 시장 여건상 대다수의 기업들이 절실히 뽑고자 하는 인재들은 공급에 한계가 있다. 이러한 현실을 감안해 볼 때, 우수 인재 확보뿐만 아니라, 내부 구성원들의 숨어있는 잠재력을 최대한 이끌어 내어 생산성을 높이는 것 또한 간과해서는 안 될 것이다. 그 핵심은 구성원들이 신바람 나게 일하고 열정적으로 일에 매진할 수 있도록 흥을 돋우어 최고의 성과를 창출하도록 유도하는데 있다.

실제로 우수 인재 확보를 통해 성공한 기업도 있지만, 내부 구성원에 대한 효과적인 동기부여를 통해 높은 성장률을 기록하며 업계를 리드하고 있는 즉, 완성된 인재보다는 적합한 재목을 찾아 보통의 인재로 최고의 성과 창출 기업들을 종종 볼 수 있다.

인사관리에 대한 종업원들의 만족은 인사관리 목표의 하나로 볼 수 있다. 일본의 모리 교수는 그의 저서에서 인사노무관리의 목적에 대하여 1차적 기본 목적과 2차적 기본 목적 그리고 부차적 목적으로 구분하고 있으며, 이들의 목적을 달성하기 위한 구체적인 목표의 필요성을 주장하였다.

노무관리의 1차적 목적은 노동력의 효율적 이용, 코스트 절감을 들고 있으며 2차적 목적으로 경영 노동질서의 유지, 그리고 부차적 목적으로 종업원 만족을 들수 있다. 이에 종업원은 인사관리 시스템에 의해 그 직무나, 생활, 직장 만족을 얻게 되며 이는 곧 1, 2차적인 조직의 목적과 부차적인 개인 목적의 통합적 달성을 이루는데 인사관리의 목적이 있음을 뜻한다.

기업을 유지해주는 근원적인 힘은 풍부한 자금이나 시설이 아니라 그 구성원, 자체이다. 미비한 시설이나 부족한 자금은 개선하거나 보충하면 되지만 한 번 위축된 종업원의 사기나 기업에 대한 불신은 되돌리기 어렵다. 세계 초우량 기업으로 인정받고 있는 기업들이 성공적인 인사관리 체계로 구성원들의 신뢰나 만족감을 유지하는데 경영관리 활동의 초점을 두고 있는 이유도 바로 여기에 있다. 그들은 기업의 호황기에는 종업원의 자세가 방만해지지 않도록 관리하고 미래를 위한 준비에 다시 박차를 가하는 한편 불황기에는 종업원들의 사기나 도전정신이 위축되지 않도록 노력하고 있다. 이처럼 경영 활동에서 인사관리는 종업원 개개인의 만족으로 그치는 것이 아니라 기업 성공의 첫 번째 관문이 되는 것이다.

2. 인사관리의 내용

[그림 3-2] **인사관리의 분류**

1) 고용관리

조직이 필요로 하는 유능한 인재를 확보하기 위한 모집, 선발, 배치, 승진, 이동 등과 같은 일련의 의사과정이다. 고용관리의 초점은 현재 또는 미래의 필요인력을 분석하고 유능한 인재에 대한 공급원을 개발하여 모집, 선발하고 배치함으로써 기업의 목표를 달성하는데 필요한 인적자원을 활용하는 것이다. 또한 인재를 확보하기 위해서는 직무 분석(job analysis)과 직무평가가 필요하다.

핵심인재의 확보

뷰티 산업에서 경쟁력 확보를 위해서는 우수 인재 확보 뿐만 아니라, 구성원들이 회사와 일에 몰입하여 열정적으로 일할 수 있도록 동기부여 하는 것도 중요하다. 동기부여 효과를 높이기 위해서는 직무 가치의 고도화, 공정한 평가/보상 체제 정립, 육성가적 리더십 발휘 등이 필요하다.

최근 우리 기업들이 가장 많은 관심을 보이는 경영상의 이슈를 꼽으라면, 단연 '핵심 인재 확보'일 것이다. 똑똑하고 유능한 사람이 기업 전체의 생사를 결정할 수 있다는 믿음에서이다. 그러나, 핵심 인재 확보라는 대세에 밀려, 그다지 주목 받지 못하고 있는 사실이 하나 있다. 바로 동기부여이다. 그 핵심은 구성원들이 신바람 나게 일하고 열정적으로 일에 매진할 수 있도록 흥을 돋우고 최고의 성과를 창출하도록 유도하는데 있다. 또한, 국내 노동 시장 여건상 대다수의 기업들이 절실히 뽑고자 하는 인재들은 공급에 한계가 있다. 이러한 현실을 감안해 볼 때, 우수 인재 확보 뿐만 아니라, 내부 구성원들의 숨어있는 잠재력을 최대한 이끌어 내어 생산성을 높이는 것 또한 간과해서는 안 될 것이다.

고용관리의 채용과 선발, 승진, 배치 및 이동 등의 업무를 살펴보면 다음과 같다.

첫째, 채용관리는 고용관리의 첫 단계로 기업의 필요 인력을 산정하고 이에 따르는 시기에 모집, 선발하는 관리 활동이다. 채용의 형태는 모집 관리와 선발 관리가 있다. 모집 관리는 기업의 내부로부터 모집하는 사내 모집원과 사외의 기관이나 매체를 통해 모집하는 사외 모집원으로 구분할 수 있으며 모집 활동은 광고 등을 통해 기업 스스로가 구인활동을 하는 직접 모집과 제 3자의 기관의 추천 등을 이용하는 간접 모집이 있다. 채용관리의 효율적 운영은 무엇보다도 기본적인 채용관리를 바탕으로 각 기업에 맞는 운영체계의 도입이라 하겠다. 'Hire Hard, Manage Easy'라는 말이 있다. 채용관리의 중요성을 단적으로 표현해주는 이 말은 선발할 때 심혈을 기울여 뽑으면 차후에 인력 관리가 그만큼 쉬워진다는 의미이다. 또한 선발 후 부적응으로 인해 발생하는 재배치 비용이나 이직 비용 등을 줄일 수 있다는 것이다.

미용 인재(人才)의 확보와 활용

부려먹을 사람으로서의 「손과 발」이라고 하는 사람은 이제는 필요없다. 「인재」라고 부르는 사람이 아니면 서비스맨으로서 역할을 할 수 없는 시대이다. 특히 새로운 젊은 층을 어떻게 기를 것인가? 여성을 어떻게 하면 장기 전력화할 것인가, 이것이 지금의 인간 양성의 결정적 관심사라고 할 것이다.

■ 남의 「손」은 필요 없다. 人才를 확보하라.

머리 수만 갖추고 있으면 어떻든 영업이 되던 시대는 지났다. 그런 이유 때문인지 머리 수만 갖추고 있다가 인건비 때문에 도산하는 시대착오적인 사례도 많다. 그렇다면 「사람을 채용하는 방법」을 개선해야 하는 것이 급선무이다.

■ 일년 365일을 채용 활동이라고 생각해라.

사람이 부족한 시대이다. 일찍 결혼해서 그만 두게 되는 종업원이 생겨버렸다. 중견 종업원이 병으로 쓰여져 버렸다. 영업을 하다 보면 언제 어느 때 이러한 일에 부딪힐지 알 수 없는 일이다. 종업원을 결코 불사신은 아닌 것이다. 하물며 오늘날의 젊은이들은 그 취직이나 퇴직에 관한 사고방식이 다분히 자기 본위이다. 뷰티서비스 업장 근무 규정에 「퇴직하기 전 몇 개월 전에는 통고할 것」이라고 정해져 있더라고 현실적으로는 이러한 규정이 거의 지켜지지 않고 있다. 그렇다면 이러한 사태의 발생에 대해서 일상적인 대응력을 평소에 지닐 필요가 있는 것이다. 여차하면 응원해 줄 밖의 인재를 한사람이든 두 사람이든 항상 가지고 있어야 할 필요가 있다. 결혼하고 쉬고 있는 자나 연수회 또는 기타 아는 사람의 소개로 알게 된 다른 업장의 종업원 등 밖에서 인재를 기른다는 것은 원장으로서의 의무인 것이다.

■ 사람도 「소재」를 선택하라.

종업원이 고객에게 직접 서비스를 제공하게 되는 뷰티서비스 업장에서 결코 안이한 자세나 기분으로 사람을 채용할 수는 없는 것이다. 견습생이나 수련생은 별개이지만 그들은 능력 면에서는 미지수인 것이 틀림없다. 이 예감은 결코 가볍게 볼 일이 아니다. 대부분의 경우 들어 맞는 것이다. 「어쩐지 우리에게 안 어울린다」고 느껴지면 처음부터 채용하지 말아야 한다. 사실 젊은 사람이 지금까지 자라온 가정환경이나 그곳에서 형성된 성질, 성격 등등은 면접을 해보며 확실하게 나타나는 것이다. 판단은 신중하게 그러면서도 확신을 가지고 결정할 일이다. '별로 좋아하는 타입은 아니지만 워낙 일손이 딸리니까…' 이러한 이유로 사람을 채용해서는 '인재'를 키울 수 없는 것이다.

■ 건강하고 아름다움, 이것도 조건이다.

자칫 외모지상주의 조건이라고 생각할지 모르겠으나 이제부터의 종업원은 건강하고 스타일이나 용모가 좋은 사람을 채용해야 할 수밖에 없다. 얼굴이 예쁘고 추한 것에 구애받는 듯한 감이 있으나 뷰티서비스업장이 생활 필수형의 '뷰티스타일 가공소'에서 탈피해서 여성의 '토탈 뷰티아트리에'로 변모하기 위해서 자기 업소의 종업원들이 이미지의 샘플이 되어야 하는 것이다. 백 마디의 상업적 언변보다 현실적으로 그곳에 있는 종업원들의 헤어디자인이나 메이크업 등의 현물 견본인 것이다. 금방 잠에서 깨어난 듯한 머리형, 2-3일 취했었는지 담배 연기에 그을려 창백한 얼굴을 하고 있는 피부관리사는 기본적 자질에서 점수를 받기 어렵다. 비만도 마찬가지이다. 자기 자신의 비만 관리도 못하면서 어떻게 손님에게 '건강이 어떻다'고 말할 수 있을까? 적합한 시술을 해 드릴 수 있을 것이냐? 외모지상주의를 의미하는 것이 아니라 자신의 서비스 분야에서 충분히 설득력있는 표본이 되어야 함은 틀림없이 중요한 요건이다.

둘째, 선발 관리는 구직 희망자 중 일정의 채용 기준이나 선발 요건에 적합한 사람을 선별하는 과정이다. 이에 기업의 직무수행요건에 적합한 선발 기준을 정하게 된다. 선발 요건은 종업원의 선발 과정에서 기업이 추구하는 종업원의 인재상을 의미한다. 다음으로 선발 기준 및 요건에 적합한 인재를 선발하기 위해 선발 절차를 거치게 되는데 일반적으로 지원서 접수, 서류전형, 선발 시험, 면접시험, 신체검사 그리고 경력조사의 절차를 거쳐 합격 여부의 결정과 통지가 이뤄진다.

21세기 기업의 인재상

- 목표를 향해 의욕적으로 전진하는 사람
- 자발적으로 문제를 발견하고 제안할 수 있는 사람
- 상황 변화에 유연하게 적응할 수 있는 사람

-일본의 리쿠르트 연구소

셋째, 배치와 이동관리는 직무와 종업원간의 관계를 잘 조합하여 경영의 성과를 높이는 동시에 종업원 개개인의 만족도를 높이는데 활용된다. 즉, 인적자원을 가장 적합한 곳에 배치(適材適所主意)하는 것으로 동기를 부여하고 이를 통해 기업의 경쟁력을 강화하며 성과에 기여하는 것이다. 사람은 누구나 자신이 하고 싶고 가장 잘하는 일을 할 때 만족도가 높으며 성과도 좋게 나타난다는 것을 원리를 의미한다, 그 다음으로 등급이나 능력 향상, 또는 기타 사유로 인해 종업원이 다른 직무나 다른 곳으로 재배치되는 것을 배치전환이라 하는데 승진, 승급 및 이동 등이 있다. 특히 승진이나 승급의 경우 종업원 관리의 동기부여 요소가 되므로 민감한 사안 중 하나이다. 승진 정책은 기업마다 조금씩의 차이는 있으나 현대 기업들의 승진 관리는 연공서열을 폐지하고 능력 위주의 원칙으로 흐르고 있다. 이동배치 역시 종업원의 능력 발휘를 위해 적절하지 못한 자리를 이동해 줌으로써 생산성을 높이는데 활용된다. 이사나 결혼 등 개인적인 사정이나 회사 내 인간관계에 의한 갈등 해소 또는 업무나 직책의 변화에 의해서 시행될 수도 있다.

'Right People(올바른 인재)'

"직업을 구할 때에는 흥미가 있고 재미있는 일, 남들보다 쉽게 배우는 일, 남들보다 잘 하는 일을 선택 하라." 과거에는 학력·경력 중심으로 인재를 채용했다면 지금은 전문성, 커뮤니케이션 능력 등 개개인의 역량과 미래에 대한 도전적인 자세를 더 중시한다. 채용 방식도 과거에는 대규모 공채 위주의 '그물형' 채용이었다면 지금은 소수의 인원을 수시로 뽑는 '낚시형'이다

2) 개발관리

인적자원의 능력을 최대한 발휘할 수 있도록 일의 기회와 교육훈련의 기회를 부여하는 과정이다. 세부적으로 종업원에 대한 교육훈련의 필요성 분석, 교육훈련의 실시, 평가와 피드백의 활용, 연공이나 능력과 같은 승진요소를 어떻게 반영할 것인가? 등이며, 주로 교육훈련, 승진, 직무순환 등의 활동이 포함된다.

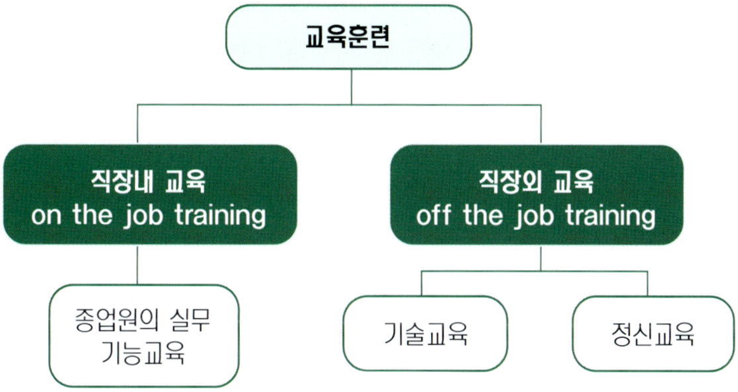

현대 사회가 급속도로 변화되면서 변화와 경쟁에 대응하는 능력을 지닌 인재의 확보가 기업 성패의 관건이 되고 있다. 오늘 유능한 인재가 내일도 유능한 인재로서 자리매김할 수 있을지는 누구도 낙관할 수 없는 것이 현실이다. 따라서 교육 훈련이야말로 기술혁신과 인재 육성의 원동력이며 종업원들이 정보화 시대에 낙오되지 않기 위한 필수 요소인 것이다. 교육 훈련은 종업원의 기술과 능력을 향상시킴으로써 스스로 직무에 만족감과 성취감을 갖게 하고 향후 미래의 변화에 더 나은 직무 수행을 하게 한다.

교육 훈련의 절차는 일반적으로 다음과 같이 구분할 수 있다.

① 기업의 경영계획 및 인사관리의 기본 방침에 적합한 종업원의 교육 훈련 및 인재 개발의 목표를 정하고 세부적 실천 계획을 수립하는 계획단계

② 계획단계에서 입안된 인재개발계획의 주요내용을 구체적으로 실천하기 위하여 업무분담의 체계화와 조직을 편성 운영하는 조직화의 단계

③ 종업원에 대한 교육훈련 및 인재개발의 업무를 구체적으로 실천하는 단계

④ 기업의 교육훈련 및 능력 개발의 결과에 대한 공정한 평가와 개선 및 활용을 이룩하는 평가 단계로 분류할 수 있다.

교육 훈련 관리의 대상과 방법, 절차, 운영 등은 각 기업의 필요성과 상황에 맞게 이루어져야겠지만 중요한 것은 다양한 측면에서, 전 사원에 걸쳐 꾸준히 이루어져야 한다는 것이다.

3) 보상관리

보상관리란 확보되고 개발된 인적자원이 조직에 공헌한 만큼 금전적, 비금전적 대가를 제공하는 활동을 말한다. 조직 전체의 보상수준을 어떤 기준에 의하여 책정할 것인가? 개인 또는 집단의 성과에 대하여 어떤 방식으로 인센티브(incentive)를 지급할 것인가? 하는 문제 등이다.

보상관리의 주는 급여 수준에 관한 것이나 현대 기업들의 보상관리는 다양한 감성 경영과 동기부여에 기인하여 포상의 형태들이 함께 시행되고 있으며 그 형태는 해외 연수나 휴가 여행 등 다양하게 시행되고 있다. 보상관리 시스템이 제대로 작동하기 위해서는 각 기업에 적합한 유형의 운영 체계를 설계하여야 한다. 그 내용을 어떻게 구성하느냐에 따라 다양한 보상관리 시스템이 운영될 수 있다.

보상관리의 목적은 성과나 노력, 보상의 관계를 사전에 투명하게 설정하고 종업원들이 그것을 목표로 노력하도록 유도하려는 것이다. 누구든 일을 할 때는 그것을 통해 정신적인 성취감이든 물질적 보상이든 무엇인가를 얻고자 하는 욕망이 있기 때문이다. 보상관리의 운영은 보상 내용이나 객관적 성과 표준을 설정하고 그 지급 기준을 명확히 하며 보상 체계가 종업원들에게 공감이 갈수 있도록 합리적인 것이어야 한다.

보상에 대한 공정성과 합리성은 매우 중요한 요소이다. 누구나 성과에 대해서는 공정하게 평가받고 그에 합당한 보상을 제공받기 원한다. 보상을 통한 동기부여의 핵심은 구성원들에게 '성과를 낸 만큼 보상받을 수 있다'는 기대감을 주는 것이다. 성과를 낸 만큼 합당한 보상을 받을 수 있다는 기대감이 형성되어야 더 높은 성과 창출을 위해 노력하려는 의욕이 꺾이지 않게 된다. 여기서 보상의 절대 금액만이 중요한 것은 아니다. 성과를 많이 낸 사람과 그렇지 않은 사람 간에 차등 보상이 분명히 이루어지는 것 역시 중요하다. 흔히 기업들이 오해하는 것 중의 하나가, 차별 대우로 인한 팀웍의 저하나 조직 내 불협화음에 대한 우려 등의 이유로 모든 구성원들을 똑같이 대해야 한다는 것이다. 그러나 선진 기업들의 경우, 높은 성과자와 낮은 성과자에 대한 분명한 차등 보상을 통해 강력한 동기부여 효과를 거두는 공통된 특징을 보이고 있다.

4) 유지관리

조직 내 인적자원이 자신의 능력을 발휘하면서 조직 내에 남아 있도록 각종 배려를 행하거나, 조직에서 사람들이 직무를 수행하는 과정에서 나타나는 여러 가지 어려운 문제, 예를 들어 인간관계에 대한 고민이나 노동의 대가에 대한 불만이나 불안 등을 극복하여 최대한으로 능력을 발휘하게끔 인적자원을 유지하는 활동이다. 유지관리의 주요과제는 인간관계 개선을 위한 기법을 마련하는 문제, 이직의 원인을 규명하고 그것을 효과적으로 처리하는 것과 같은 고용조정문제이다.

뷰티서비스업 근무 연차에 따른 이직에 대한 원인

- 1년미만 : 배운 것과 현재 살롱에서 일하는 것과의 거리감에서 오는 부적응, 근무시간 과다로 인한 업무 적응의 피로도, 본인의 이상과 다른 현실, 선배 직원들과의 갈등
- 1~3년차 : 미용에 대한 흥미와 욕구가 있으나 주변 살롱과의 비교로 인한 갈등, 동료와의 경쟁의식으로 인한 갈등, 기대에 미치지 못하는 성장에 대한 회의감
- 3년 이상의 경력자 : 매출에 대한 부담감, 고객이나 오너와의 갈등, 새로운 트렌드에 대한 욕구나 자아발전을 위한 변화 욕구, 자기 사업에 대한 계획한다는 것이다.

3. 미용산업에서의 인사관리

우리나라 미용 산업의 경우 소비자의 욕구 변화와 시장성의 확대로 지난 40년간 급성장하였다. 특히 헤어 미용실이나 피부 관리실 등과 같은 뷰티 서비스업장은 미용 산업에서 외양적로는 큰 발전을 가져왔으나 직원들의 인사관리에 있어서는 주먹구구식 경영이나 관행적으로 운영되는 것이 대부분이다. 그러나 뷰티서비스업의 경쟁이 날로 치열해지는 상황에서, 경영자들은 미용 전문가의 이직과 그에 따르는 생산력 소실을 줄이기 위해 체계적인 인사관리의 도입을 필요로 하고 있으며 브랜드 업체들을 중심으로 노무 문제 등 인사관리 시스템이 도입되기 시작하였다.

반면 아직까지도 브랜드 뷰티서비스 업장의 변화와는 달리 소규모 업장에서의 인사관리는 열악한 경우다 대부분이다. 최근들어 대부분의 경영자들은 포화상태에 이른 뷰티서비스 업장의 환경과 숙련된 전문가의 이직에 따른 고민을 토로하고 있으며 인사관리에 대한 필요성을 공감하고 있다. 그러나 어떤 식으로 어떻게 관리해야 하는지에 대해 난감해하는 경우가 많다. 실제로 중, 소규모의 미용실이나 체인에서는 대부분 기업형 미용실이 갖추고 있는 인사관리 체계를 그대로 받아들이거나 인용하는 경우가 대부분이다.

헤어 미용실에서의 인사관리 사례

기업형 헤어 미용실을 기준으로 조사된 미용인의 인사관리 실태의 주요 내용은 다음과 같다. 우선 고용관리 분야에 있어 모집 방법은 주로 지인의 소개에 의해 이루어졌으며 선발 절차는 시험 없이 면접을 통해 이루어지는 것이 보편적이었다. 종사자들은 인사이동이 인간관계의 문제시 가장 필요하다고 느끼고 있었고 인사고과는 임금관리를 위해서라는 인식이 가장 높았다.

개발관리 분야에서는 가장 배우고 싶은 분야는 기술 교육과 경영 교육이 비슷한 비율을 보여주었고 취약한 프로그램으로는 인성교육이 높게 나타내었다. 또한 교육 형태에 대해서는 사내 교육의 장점으로 교육생 간의 팀웍을, 사외교육의 장점으로는 다른 직장 직원과의 교류 및 선의의 경쟁을 높게 꼽았다.

보상관리 분야에서는 기본급이나 매출에 따른 성과급 이외의 수당은 점판수당이나 명절 상여금을 받는 경우가 가장 많았다. 성과급의 경우 대부분 필요성을 공감하는 반면 부정적인 면도 인지되었다. 필요성에 대해서는 자아실현과 자기만족을 꼽았으며 부정적인 면에서는 정신적 스트레스가 높게 나타났다. 급여 이외의 보상관리의 희망 사항으로는 해외 연수가 높게 나타났다.

유지관리 분야에서는 가입을 희망하는 사회 보험은 의료보험이 가장 높게 나타났다. 또한 가장 원하는 복리후생 분야를 노후대책이라고 답변하였다. 마지막으로 직원 갈등 해소를 위해 회사에서 인간관계 개선 프로그램을 통한 배려를 꼽았다.
인사관리 만족도에 차이는 남성이 여성에 비해 만족도가 높은 것으로 나타났다. 이는 남성들이 조직의 인사관리 제도에 인식이나 관심도를 더 높게 인지하고 있는 것으로 해석되며 경영 마인드 역시 여성들보다 높게 인지하고 있는 것으로 보고되었다.

일반적으로 노동 집약적인 산업들은 인적 서비스를 중요시하고 인적 서비스에 의해 산업의 품질이 결정될 수 있기 때문에 종사원의 역할은 산업의 성패에 중요한 영향을 미치게 된다. 인적 서비스는 그 자체가 하나의 상품 가치를 지니게 되며 고객의 태도를 정하는 결정적 요인은 고객이 받은 인적 서비스에서 연유한다고 볼 수 있다. 따라서 인적 자원에 대한 관리의 중요성이 대두되고 있으며 인사 관리 체계가 새로운 경쟁력 요소로 인식되고 있다.

뷰티서비스 산업은 전통 집약형 노동 서비스 산업이 인적 사업(people business)로 인식되고 있음에도 불구하고 타 산업에 비해 인적자원의 시스템과 재정적 지원이 소홀한 편이다. 외식 산업(food service industry)은 음식과 인적·물적 서비스 그리고 분위기로서 고객에 대한 만족 및 편의 제공을 하게 되므로 종사원에 의한 서비스는 안락하고 정중하면서도 전문적으로 나타나야 한다. 종사원은 고객에게 창조적 판매를 유도하고 여러 가지 정보를 전해주며 서비스 제공 후에는 고객의 반응을 피드백 하는 중요한 역할을 하고 있다. 외식산업에서 조직 규모의 확대되면서 성실하고 충실한 종사원의 노동 이동률 감소가 고객 만족 및 생산성 향상에 중요한 요소로 부각 되었다. 이미 규모화·기업화의 길로 들어선 체인 식음식점에서는 체계적 인사관리가 정립되고 있다. 특히 외국계 브랜드의 경우 이미 정립된 문화 체계를 받아들여 한국식 문화에 접목해 나가고 있다.

외식산업의 인사관리 사례

㈜한국 피자헛은 1985년 서울 이태원에 1호점을 개설한 이후 꾸준한 성장을 거듭해 왔다. 전국 매장별로는 30명에서 50명의 직원이 있고 그 중 정규 직원은 4~5명 정도이다. 한국 피자헛 본사는 이들 매장 직원들을 각 부문에서 지원해주는 역할을 한다. 한국 피자헛은 외식 서비스업체의 특성상 일반 기업과는 다르게 레스토랑에서 일하는 직원이 대다수를 차지한다.
채용은 분기마다 인터넷을 통해 공개 채용하며 서류 전형과 면접 다음으로 적성 검사를 실시한 후 매장 실습을 3일 하게 된다. 그 다음 한 차례 면접을 더 거친 후 신체검사를 통해 선발한다. 인사

제도는 미국식 직무 성과주의와 한국식 문화가 접목된 인사·조직 문화를 지향하고 있다. 직원의 평가 요소를 8가지 기준으로 명확하게 규정하여 평가한다. 임금제도는 점장 이하인 경우 연공에 의한 호봉 제도를 운영하며 그 이상은 직무성과급제도를 적용하고 있다. 승진의 경우 그 사람의 능력·성과에 준한다.

한국 피자헛의 특징적 인사관리는 '인정·포상제도'로 직원을 칭찬하고, 독려하고, 포상하는 프로그램을 운영하고 있다. 이는 Top-Down 방식이 아닌 쌍방향으로 직원 스스로에게 동기부여를 만들도록 하는 문화를 조성하고 있다. 이에 조직의 사기를 독려하며 가족 분위기와 같은 인간 지향적 문화를 만들어 조직의 응집력을 키우려는 인사관리의 방향을 잘 보여주고 있다.

1990년 들어 규모화 되고 있는 미용 산업도 이와 다르지 않다. 이미 외국계 브랜드가 입점해 있으며 몇몇 우리나라 브랜드들도 직영점 및 프랜차이즈의 구성으로 그 규모가 커져가고 있다. 기업화 되고 있는 미용실의 경우 이미 경영의 필요성으로 마케팅, 홍보 및 조직구성이 이루어졌으며 종사원들의 인사관리 역시 그 중요성이 점점 부각되고 있는 실정이다. 경영자들은 재정과 시간의 지원으로 교육 훈련을 통해 강화시켜 동기부여하고 있으며 종사원의 근무환경이나 복리후생 등도 필요 요건으로 인식되고 있다.

미용 산업의 인사관리 사례

1983년 시작된 '박승철 헤어스튜디오'는 국내 고유의 프랜차이즈로 꾸준하고 깊이 있는 디자이너 교육과 인적 네트워크를 통한 구성원 관리를 통해 빠른 속도로 성장해 왔다. 인사관리 규정을 살펴보면 점장 제도 및 능력별 승급제도를 통한 승진과 채용관리, 정확한 분석이 가능한 인사고과표와 출·퇴근 카드, 교육 평가서 등 크로스 체크를 통한 인사고과, 단계별 교육제도나 해외 연수를 통한 교육과 포상제도, 능력별 급여를 통한 보수관리, 그리고 지점의 상황에 따른 주5일제나 복리 후생 제도를 통한 유지관리 등이 명시되어 있다.

노동 집약형 서비스 산업에서는 동기화된 종사원을 통해 고객의 반복 구매를 유도할 수 있으며 상품의 가격이 비싸더라도 이들의 개인화된 가치 창조로 높은 가격을 정당화할 수 있게 된다. 따라서 유능한 종사원을 모집, 선발, 훈련시키고 동기 부여하는 인사관리의 체계가 산업 발전에 중요한 과제라 할 것이다.

01

STYLIST

스타일리스트

사람의 능력은 누구나 비슷하다.
그 차이는 제도와 환경에 의해서 만들어질 뿐이다!

자격 디자이너(스타일리스트) 경력 1년 이상 자 (외부 경력 일부 반영)

혜택1 장기근속장려금 (2, 3, 5년차 약 8천만원 차수별 지급)

혜택2 평균인센티브(350만원~) + 점판수당, 별도보너스 3회지급 + 성과급지급 (매장, 개인)

혜택3 주거자금 지원가능

혜택4 자체(전문기술교육팀 구축) 월 3회 의무교육 / 기술기본교육 1회 / 최신 트랜드 기술교육 1회 / 카운셀링, 매너, 에티켓(인성교육 월 1회)

혜택5 전문 영양사 직접 상주 식당 식사제공

목표와 비전

일반 스타일리스트 >
수석스타일리스트 (연5천5백만원 ~) + 부상지급 + 조기퇴근 >
헤드수석스타일리스트 (연8천4백만원 ~) + 월 6회 휴무 + 조기퇴근 >
기술 부원장 > 기술 원장 > 기술 이사

02

JUNIOR STYLIST

주니어 스타일리스트

성공의 가장 중요한 요소는 기회를 잡는 것이며,
그 기회는 우연이 아니라 스스로 만들며 선택하는 것이다.

자격 인턴과정 2년 이수자(외부 경력 일부 반영)

혜택1 별도 보너스 3회 지급+성과금지급 (매장, 개인)

혜택2 자체(전문기술교육팀 구축) 직급 내 의무교육 84시간 이수 후 스타일리스트 승진(살롱스타일교육, 최신 트랜드 기술교육), 카운셀링, 매너, 에티켓(인성교육 월 1회)

혜택3 고객배치(고정급여 + 인센티브) + 점판수당

혜택4 최고 복지공간 기숙사, 전문 영양사 직접 상주 식당 식사제공

03

INTERN

인턴

믿어라! 왜 믿지 않는가?
너도 분명히 성공 할 수 있음을!

자격 미용에 관심있는 열정과 인내의 소유자

혜택1 주 5일제 진행, 동종최고급여, 퇴직금, 4대보험, 보너스 연 3회지급 + 성과급지급 (매장, 개인) + 직책수당

혜택2 최대 2년스타일리스트 승진(일정 기간별로 시행되는 승급테스트 통과 시 "조기 승진" 가능)

혜택3 매월 2회 본사 아카데미 정기교육 (기술,인성,서비스) + 커트교육 (LEECHSTYLE 커트 베이직) 진행 +교육교통비+식사와 간식 제공

혜택4 교육 이수 시 직급별 디플로마 수여

혜택5 최고 복지공간 기숙사, 전문 영양사 직접 상주 식당 식사제공

04

MANAGER

관리자

문제있는 兵(병)은 있을 수 없다.
단, 문제있는 장수만이 있을 뿐이다!

매니저급 급여 : 초연봉 2,500만원 + 성과급 ~
기타 : 전문 영양사 직접 상주 식당 식사제공 + 유니폼제공 + 매년 근속휴가(2박3일)

실장급 급여 : 초연봉 2,700만원 + 성과급 ~
기타 : 전문 영양사 직접 상주 식당 식사제공 + 유니폼제공 + 매년 근속휴가(2박3일)

부점장급 급여 : 초연봉 3,264만원 + 성과급 ~
기타 : 전문 영양사 직접 상주 식당 식사제공 + 매년 근속휴가(2박3일)

05

CEO

매장별 최고경영직

문제있는 兵(병)은 있을 수 없다.
단, 문제있는 장수만이 있을 뿐이다!

이사 초봉 연급여 4억 ~ 8,780만원

원장 초봉 연급여 2억 ~ 6,820만원

부원장 초봉 연급여 1억 2천만원 ~ 5,460만원

점장직 초봉 연급여 1억 ~ 4,080만원

※출처: 리차드(http://www.leechstyle.com/bbs/content.php?co_id=treatment&me_code=4010)

Join a Leechard

리챠드人 지원하기

인턴 | 스타일리스트 | 주니어스타일리스트 | 관리자 | 점장직 | 교육강사 | 사무직 | 기타

INTERN

인턴

믿어라! 왜 믿지 않는가?
너도 분명 성공할 수 있음을!

- 동종최고급여, 퇴직금, 4대보험, 보너스3회 지급
- 성과금지급(매장, 개인) + 직책수당
- 2년만에 스타일리스트 승진
- 매월 본사 아카데미 정기무상교육 (기술인성 서비스)
- 교육시 월1일 교육휴무
- 교육교통비 + 식사와 간식제공
- 교육 이수시 직급별 디플로마 수여
- 최고복지공간 기숙사
- 전문 영양사 직접 상주 식당 식사제공

희망호점(1지망)	면접후결정	희망호점(2지망)	면접후결정
프로필사진	찾아보기...		
입사희망일			
이름			
생년월일	예)830107		
성별	◉남자 ○여자		
연락처	010 - -		
이메일			
주소	우편번호찾기		
결혼여부	◉기혼 ○미혼 ○기타		
기숙사사용여부	◉사용 ○사용안함 ○사용할수도 있음		

자기소개
(장단점위주)

입사지원경로
인터넷
상세입력 정확한 인터넷사이트를 입력해주세요

의복사이즈
선택

경력사항

근무기간	회사명	퇴사사유
~		
~		
~		
~		
~		

학력사항

재학기간	학교명	졸업구분 (졸업,졸업예정,중퇴,기타사유)
~		
~		
~		
~		
~		

자격사항

취득월	자격증	발행처/발행기관

기타사항

1. 개인정보 수집항목 수집· 이용목적 및 보유·이용기간
▶ 수집항목 : 프로필사진, 입사희망일, 이름, 생년월일, 성별, 연락처, 이메일, 주소, 결혼여부, 기숙사사용여부, 자기소개, 입사지원경로, 의복사이즈, 경력, 학력, 자격사항, 가족사항, 기타사항
▶ 수집·이용목적 : 인턴, 스타일리스트, 주니어스타일리스트, 관리자, 점장직, 교육강사, 사무직, 기타 채용 정보 수집
▶ 보유·이용기간 : 채용심사 및 합격여부
▶ 동의철회방법: 주식회사 리챠드(1688-6284), 매장 방문

□ 개인정보 수집 및 이용 정책에 동의합니다.

제출하기

※출서: 리자느(http://www.leechstyle.com/bbs/content.php?co_id=treatment&me_code=4010)

4. 동기부여 이론

1) 매슬로우의 동기부여론

매슬로우(Abraham Maslow, 1908~1970)의 '동기부여론(Motivation Theory)'에서 인간의 본성에 대해서 다음과 같이 3가지 가정을 세우고 이와 관련된 이론을 개발하였다.

- 인간은 만족할 수 없는 욕구를 가지고 있다.
- 인간의 행동은 만족하지 못한 욕구를 채우는 것을 목표로 한다.
- 인간의 욕구는 기본 욕구(생리적인 욕구, 안전욕구)에서부터 상위욕구(소속과 애정욕구, 자아 욕구, 자아실현의 욕구)까지 5단계로 이루어져 있다. 그리고 기본적인 욕구가 채워지면 인간은 상위욕구를 채우려 한다.

(1) 욕구단계설의 가정

매슬로우는 인간의 내부에는 단계를 이루는 다섯 가지 욕구가 존재한다는 논리를 세우고 있다. 이러한 논리에는 다음과 같은 네 가지의 가정이 자리 잡고 있다.

- 일단 만족된 욕구는 더 이상 동기부여요인이 아니다.
- 인간의 욕구체계는 매우 복잡하다.
- 상위수준의 욕구가 한 개인의 행동에 영향을 미치기 위해서는 일단 하위수준의 욕구가 우선적으로 충족되어져야 한다.
- 하위수준보다는 상위수준의 욕구에 보다 많은 충족방법이 있다.

(2) 욕구단계이론 (need hierarchy theory)

① 1단계 : 생리적 욕구(physiological needs)

욕구의 첫 단계는 인간에게 가장 기본이라 할 수 있는 생리적 욕구이다. 즉, 의, 식, 주 및 성에 대한 욕구이다. 이러한 욕구는 비교적 짧은 시간 내에 반복적으로 충족시키지 않으면 안 된다. 인간은 빵만으로 사는 것은 아니지만 정말로 굶주리고 있는 사람에게 있어서는 빵 한 조각이 전부인 것이다. 춥고 배고픈 문제가 해결되지 않는 한 다른 욕구는 모습을 나타내지 않는다. 예를 들어 직장 선택의 이유가 무조건 급여 수준인 경우가 대부분 이런 경우에 속한다.

② 2단계 안전 욕구(safety needs)

일단 생리적 욕구가 어느 정도 충족되면 안전의 욕구가 나타난다. 이 욕구는 근본적으로 신체적 및 감정적인 위험으로부터 보호되고 안전해지기를 바라는 욕구이다. 매슬로우는 안전 욕구에 대해 다음과 같이 말했다. "어떤 사람이 극도로, 또 상시적으로 안전을 추구한다면 그런 인물이야말로 안전만을 위해서 삶을 영위한다고 할 수 있다." 예를 들어 안전하고 안정적인 고용 관계, 노조가입, 생활의 질을 위해 안정된 직장 선호를 추구하는 경우이다.

③ 3단계 : 소속감과 애정 욕구(belongingness and love needs)

일단 생리적 욕구와 안전 욕구가 어느 정도 충족되면 소속감이나 애정 욕구가 지배적인 것으로 나타나게 된다. 한 마디로 집단을 만들고 싶다거나 동료들로부터 받아들여지고 싶다는 욕구이다. 인간은 사회적인 존재이므로 어디에 소속되거나 자신이 다른 집단에 의해서 받아들여지기를 원하고 동료와 친교를 나누고 싶어 하고 또 이성 간의 교제나 결혼을 갈구하게 된다.

④ 4단계 : 존경욕구(esteem needs)

인간은 어디에 소속되려는 욕구가 어느 정도 만족되면 어느 집단의 단순한 구성원 이상의 것이 되기를 원한다. 이는 내적으로 자존심을 성취하려는 욕구(내적 존경 욕구) 및 외적으로 타인으로부터 주목을 받고, 인정을 받으며, 집단 내에서 어떤 지위를 확보하려는 욕구(외적 존경 욕구)이다.

⑤ 5단계 : 자아실현 욕구(self-actualization needs)

일단 존경의 욕구가 어느 정도 충족되기 시작하면 다음에는 '나의 능력을 발휘하고 싶다','자기 개발을 계속하고 싶다.'는 자아실현 욕구가 강력하게 나타난다. 이는 자신이 이룰 수 있는 것, 혹은 될 수 있는 것을 성취하려는 욕구이다. 즉, 계속적인 자기발전을 통하여 성장하고, 자신의 잠재력을 극대화하여 자아를 완성시키려는 욕구이다.

2) 동기부여의 실제

기업에서 직장인들의 회사에 대한 충성심과 일에 대한 몰입 수준이 갈수록 낮아지고 있다는 연구 결과보고에 따르면 직장인 중 특히, 신세대들의 몰입과 충성심이 낮아졌다는 응답이 약 80%에 이른다고 한다. 다운사이징, 구조조정, M&A 등으로 인해 직장 안정성이 저하되고 기업 간 인력 이동이 예전보다 수월해지면서, 회사보다는 자신의 경력이나 전문성에 대한 관심이 상대적으로 높아지고 있기 때문이다. 문제는 앞으로 일과 직장에 대한 구성원들이 몰입이 더욱 중요해 질 것이라는 사실이다. 그 주된 원인으로 '지속적 성장'을 지적하였다고 한다. 즉, 직원들의 회사에 대한 충성심과 일에 대한 몰입을 이끌어내지 못하면, 질 높은 고객 서비스 제공이 어려워져, 지속적인 성장에 제동이 걸릴 수밖에 없다는 의미로 해석할 수 있다.

분명한 것은 동기부여가 단순히 구성원들을 만족시키는 것이라고 생각해서는 곤란하다는 점이다. 예컨대, 급여 수준이 높은 경우 회사에 대해 불만을 가지는 사람은 거의 없을 것이다. 그러나 급여에 만족하는 사람이 반드시 회사에 충성하고 성과 창출을 위해 열정적으로 일하는 것은 아니다. 단순한 만족 차원을 넘어, 적극적인 몰입을 이끌어내는 것이 바로 동기부여의 핵심임을 명심해야 할 것이다.

성과는 우수 인재가 많은 곳보다는 동기부여가 잘되는 기업에서 더 크다.

흔히들, 성과는 능력, 열정, 그리고 능력과 열정을 발휘할 수 있는 기회의 함수라고 한다(성과=f(능력X열정X기회)). 능력 있는 인재를 확보하고 이들이 자신의 능력과 적성에 맞는 업무에서 열정적으로 일할 수 있는 여건을 만들어 주어야, 개인은 물론 기업 전체적으로 성과를 낼 수 있다는 의미이다. 똑똑하고 능력 있는 사람이 있더라도 이들을 사업 방향에 동참시키고 업무에 전념할 수 있도록 동기부여하지 못한다면, 소기의 성과를 얻을 수 없음은 자명한 사실이다. LG경제연구원이 올해 국내 기업을 대상으로 조사한 결과에 따르면, 보통의 인재를 보유하고 있으나 동기부여를 잘하는 기업(7.9%)이, 우수 인재를 보유하고 있으나 효과적으로 동기부여 하지 못하는 기업(6.9%)에 비해 영업이익률 면에서 보다 높은 성과를 보이는 것으로 나타났다.

※ LG주간경제801호

3) 동기부여 강화 방안

구성원 동기부여를 강화하기 위해서는 다음 3가지 면에서 체계적인 관리가 필요하다. 성장 비전 제공 차원에서 수행하는 직무 가치의 제고(right job), 성과와 기여도에 대한 공정한 평가 및 합당한 보상(right reward), 실력을 키우는 육성가적 리더십(right leadership)이 갖춰져야 한다.

(1) 직무 가치의 고도화 (right job)

기업은 구성원이 담당하고 있는 일을 통해 실력을 키우고 업무에 흥미를 느끼고 몰입할 수 있도록 일의 가치를 높여야 한다. 우리나라 직장인을 대상으로 구성원 동기부여에 영향을 주는 요인에 대해 조사한 결과를 살펴보면, 성장 비전이나 직무 관련 요인들이 일에 대한 몰입과 동기부여에 보다 중요함을 보여주고 있다.

동기부여에 영향을 주는 요인은?

- 1위 일의 경력 성장 가능성
- 2위 당당하고 있는 일의 가치
- 3위 주도적으로 일할 수 있는 업무 환경

실력 향상을 위한 방법으로 가장 우선적으로 생각할 수 있는 것이 교육 훈련이다. 물론, 전문 기술 및 지식을 단기간에 습득할 수 있는 교육 기회도 중요하다. 그러나 보다 근본적으로는 평상 시 담당하는 일에서 재미와 성취감을 느끼고, 그 일을 통해 성장하고 있다는 자부심을 갖도록 배려하는 노력이 보다 중요하다. 구성원들이 이러한 인식을 갖고 있어야 일에 대한 몰입과 회사에 대한 애착이 보다 높아질 것이다. 현재 몸 담고 있는 회사에서 더 이상 배울 것이 없고 자신의 시장 가치를 높일 수 없다고 생각하는 사람은 아마도 다른 기회를 찾아 회사를 떠날 가능성이 높다.

성장 비전은 금전적 보상보다 더 강력한 동기부여 효과를 가지고 있다. 금전적 보상이 수준이 낮더라도 장기적으로 현 조직에서 전문성을 키울 수 있고 경력 목표를 달성할 수 있다고 믿는 구성원은 회사에 오래 머물면서 최선을 다하는 모습을 보이게 된다. 그리고 보다 근본적으로는 경영진 및 관리자들의 현업에 대한 전문성을 제고해야 한다. 단순히 확인하거나 현상 파악을 위해 여러 일을 시키거나 보고서에 의존하여 의사결정을 하는 리더들이 종종 있다. 이는 기본적으로 현장을 제대로 파악하지 못하고 있는 데에 그 주된 이유가 있다. 따라서, 불필요한 일을 최소화 하고 가치 있는 일 중심으로 업무를 수행하기 위해서는 리더들이 사업에 대한 전문성과 조직 현황에 대해 깊이 파악하는 활동이 선행되어야 한다.

(2) 공정한 보상 (right reward)

성과에 대해서는 공정하게 평가하고 그에 합당한 보상을 제공해야 한다. 보상을 통한 동기부여의 핵심은 구성원들에게 '성과를 낸 만큼 보상받을 수 있다'는 기대감을 주는 것이다. 성과를 낸 만큼 합당한 보상을 받을 수 있다는 기대감이 형성되어야 더 높은 성과 창출을 위해 노력하려는 의욕이 꺾이지 않게 된다.

여기서 보상의 절대 금액만이 중요한 것은 아니다. 성과를 많이 낸 사람과 그렇지 않은 사람 간에 차등 보상이 분명히 이루어지는 것 역시 중요하다. 흔히 기업들이 오해하는 것 중의 하나가, 차별 대우로 인한 팀워크 저하나 조직 내 불협화음에 대한 우려 등의 이유로 모든 구성원들을 똑같이 대해야 한다는 것이다. 그러나, 선진 기업들의 경우, 고성과자와 저성과자에 대한 분명한 차등 보상을 통해 강력한 동기부여 효과를 거두는 공통된 특징을 보이고 있다.

(3) 육성가적 리더십 (right leadership)

경영진과 리더들은 구성원들이 실력을 키우는 육성가적 리더십 발휘에 보다 각별한 관심과 투자를 해야 한다. 아무리 가치 있는 일을 부여하고 공정한 보상 제도를 마련하더라도, 실제 구성원들과 함께 일하는 리더들이 사람을 육성하는 활동을 전개하지 않는다면 그 효과를 발휘할 수 없다. 최근우리 기업들이 인재 육성을 강조하고는 있으나, 단기 현안 업무 처리에 급급하여 장기적 관점에서 사람을 키우는 것이 우선 순위에서 밀리는 경우도 종종 볼 수 있다.

리더는 구성원들이 자신의 꿈과 아이디어, 성장 비전을 달성할 수 있도록 기회를 제공해 주어야 한다. 이는 GE의 전 회장인 잭웰치(J. Welch)가 제시하는 리더의 4가지 요건 중 하나인 에너자이즈(Energize)와 맥을 같이 하는 것으로서, 양손에 물과 비료를 가지고 구성원이라는 꽃을 키우고 육성하는 역할이 리더에게는 무엇보다 중요하다는 의미이다. 따라서, 일을 통한 실력 배양이 이루어질 수 있도록 구성원의 능력과 적성을 고려하여 적절한 직무를 부여하는 등 인재 육성 활동에 보다 많은 노력을 기울여야 할 것이다.

5. 경영자의 리더십(leadership)

한 국가나 조직에 있어 리더의 중요성은 아무리 강조해도 지나치지 않다. 바람직한 리더의 성향이나 역할에 대한 평가는 시대에 따라 변천해 왔다. 리더의 절대적인 권력과 권위를 강조했던 시대가 있었는가 하면, 현대 조직에 있어서는 조직의 성격이나 목표에 따라 다양한 타입의 리더를 필요로 한다.

목표를 세우고 무작정 돌격하는 용장(勇壯)의 리더로 대표하는 정주영 전 현대그룹 회장이 있었는가 하면, 철두철미하고 치밀한 사람으로 평소 직원들의 능력을 정확하게 파악하고 철저한 계산 하에 직원들을 움직였던 삼성의 이병철 전 회장은 지장(智壯)이었다고 평가된다. 역사적으로 볼 때 가장 이상적인 리더는 삼국지의 유비와 같은 덕장(德壯)이라고 평가한다.

리더와 리더십

- 리더는 자기 행동을 억제하고 부하의 실천력을 최대한 끌어낼 수 있어야 한다. 아무리 급한 상황이라도 야구 감독이 직접 방망이를 들고 타석에 나서는 경우는 없는 것이다.

  \- 김종민, 리더십개발연구원

- 관리한다는 것은 성공의 사다리를 어떻게 효율적으로 올라가느냐의 문제이고, 리더십은 그 사다리가 올바른 벽에 걸쳐져 있는가를 결정하는 것과 관련된다.

  \- 스티븐 코비, 리더십개발연구원

- 부하 직원에게 어떻게 일할 것인지 꼼꼼하게 말하지 말라. 단지 할 일이 무엇인지만 간단히 말하라. 그러면 부하 직원들의 기발한 솜씨와 능력에 놀라게 될 것이다. 부하들의 과실은 책하면서 자기의 공은 배로 만드는 것은 부끄러움이다.

  \- 예기, 리더십개발연구원

- 남을 따르는 법을 알지 못하는 사람은 좋은 지도자가 될 수 없다.

  \- 아리스토테레스 , 리더십개발 연구원

- 리더십은 전략과 인격의 강력한 조합이다. 그러나 이 중 하나를 선택해야 한다면 인격을 선택하라.

  \- 노만 슈웨츠코프, 리더십개발연구원

- 나라를 다스리는 지도자의 마음가짐은 환자를 치료하는 의사의 그것과 같다. 환자의 병이 나아갈 때 의사가 방심하면 병은 오히려 악화되기 쉽다. 천하가 조용할 때 나라의 지도자는 앞으로 닥칠 위기를 생각해야 한다.

  \- 당태종, 리더십개발연구원

- 리더십이란 사람들이 집단목표를 위해서 스스로 노력하도록 사람들에게 영향을 미치는 활동이다.

  \- George R. Terry

- 리더십이란 어떤 상황 속에서 커뮤니케이션 과정을 통해서 특정목표를 달성하기 위해 행사되는 대인간의 영향력이다.

  \- Robert tannenbaum

1) 리더십의 개념

리더의 조건을 살펴보면, 하나의 집단이 문제에 부딪혔을 때 그 문제를 해결하는 수단, 능력을 보다 많이 지니고 있을 것, 즉 집단의 요구를 보다 많이 충족하는 것으로 생각할 수 있다. 즉, 이 조건을 채우는 사람이 리더가 된다. 이런 사고 방식은 리더십이란 개인의 특성으로부터 나오는 것이 아니고 집단의 요구로부터 산출되는 것으로 같은 집단에서도 직면하고 있는 문제가 변하고 집단의 요구가 변한다면 당연히 리더의 조건도 변한다는 것이다.

다시 말하면 리더십이란 영향력을 행사하는 과정으로 직원들과 함께 협력하여 조직의 목표를 달성하도록 하는 것이다. 리더십은 보통 사람들을 도와 뛰어난 결과를 성취해 낼 수 있도록 하는 과정이라고 할 수 있다. 리더십의 본질은 바로 교감능력이라고 할 수 있는데, 교감능력이란 바로 상대방을 이해하고 배려하는 능력을 말한다. 교감의 감(感), 감성의 감(感)이 직원들에게 전달되어야 한다.

리더의 조건

하나의 집단이 문제에 부딪쳤을 때 그 문제를 해결하는 수단, 능력을 보다 많이 지니고 있을 것, 즉 집단의 요구를 보다 많이 충족하는 것이 리더의 조건이며 이 조건을 채우는 사람이 리더가 된다. 이 사고 방식은 리더십이란 개인의 특성으로부터 나오는 것이 아니고 집단의 요구로부터 산출되는 것으로 같은 집단에서도 직면하고 있는 문제가 변하고 집단의 요구가 변한다면 당연히 리더의 조건도 변한다는 것이다. 리더십의 본질은 바로 교감능력이라고 할 수 있는데, 교감능력이란 바로 상대방을 이해하고 배려하는 능력을 말한다.

2) 리더십의 중요성

경영학 연구에서 살펴보면, 우수한 신제품 개발로 성공을 거둔 기업들의 핵심역량이 무엇인가를 연구한 결과 우수 기업과 보통 기업들 간에 별다른 차이가 없다는 것을 발견하였다. 신제품 개발성과가 높은 기업이 그렇지 못한 기업들에 비해 정교한 시스템이나 선진 경영 기법 활용 면에서 오히려 미흡한경우도 있었다. 결국 기업의 성과 차이를 가져오는 결정적인 역량은 바로 리더들의 리더십에 있었다.

이는 조직 구조, 인사 제도 등 하드 시스템 요인들보다는 시스템들이 제대로 작동하도록 하는 소프트한 요인이 기업 성과에 더 중요한 핵심역량임을 보여주는 것이다. 그리고 핵심역량의 근간은 바로 리더의 리더십에 있음을 의미한다.

[그림 3-3] 관리와 리더십

3) 리더십의 유형

전통적으로 리더십은 특별한 재능을 가진 사람들이 추종자들에게 영향력을 행사하여 조직적, 사회적인 목표를 성취해 내는 행동이라고 생각했었다. 그러나 이러한 리더십은 산업사회에서 통용되던 개념이며, 정보사회, 지식사회에서의 리더십은 리더들이 영향력을 발휘해서 조직원들의 잠재력을 최대한 이끌어 개인의 발전과 조직의 발전을 성취하는 과정이라고 정의되고 있다. 효과적인 리더십을 추구하는 리더는 사라들이 목표 달성에 대한 열의를 갖도록 하며, 리더십의 효과성은 리더가 그 자리에 있을 때 부하직원들이 어떤 행동을 하는가 보다는 자리를 비우고 없을 때 그들이 어떻게 행동하는가 보다는 리더가 자리를 비우고 없을 때 그들이 어떻게 행동하느냐에 달려 있다.

리더의 체크 포인트

- 취급하려는 제품(메뉴)이나 서비스는 어떤 것인가?
- 그 제품(서비스)의 경쟁 제품은 무엇인가?
- 제품을 언제 어디서 어떻게 판매할 것인가?
- 경쟁자와 비교했을 때 자신의 강점과 약점은 무엇인가?
- 다가올 기회와 위협 요인은 무엇인가?
- 기업의 미래상은 어떠한가?
- 고객을 어떤 자세로 대할 것인가?
- 어떤 종업원(인재)을 어떻게 모집할 것인가?
- 경영방침은 무엇인가?
- 당신은 사장으로서 어떤 리더십을 발휘할 것인가?
- 조직은 어떤 형태로 꾸려나갈 것인가?
- 직무만족을 위해 종업원들에게 어떤 동기유발을 할 것인가?
- 회사운영을 위한 시설, 원자재, 광고비등 운영에 필요한 자금은 얼마나 확보하고 있는가?
- 자금은 어디서 어떻게 조달할 것인가?
- 제품의 가격설정과 손익분기점은 어떻게 되는가?
- 실패했을 경우 어떤 타개책을 내놓을 것인가?

(1) 셀프 리더십(self - leadership)

모든 종류의 일을 수행함에 있어서 자신이 주도적으로 수행하며 결과에 책임을 지는 태도를 의미한다. 권력의 원천은 자본에서 인간으로, 천연자원에서 지식자원으로, 지위나 직책에서 관계의 과정으로, 주주의 영향력에서 고객의 요구 쪽으로 이동하고 있다. 새로운 리더들은 조직구성원 개개인에게 지식과 권한을 부여할 수 있는 사람이다.

미래지향적 리더들의 특성

1. 말보다는 실천에 중점을 둔다. 말로 리더십을 발휘하기 보다는 리더의 행동과 실천력으로 부하들이 따르도록 한다.
2. 직위와 호칭보다는 그들이 갖춘 전문적 지식과 능력으로 승부한다.
3. 부정적으로 통제 보다는 긍정적으로 참여하도록 격려한다.
4. 추구하는 목표보다는 그들이 지니는 마음의 자세에 그 근본을 둔다.
5. 부하들에게 강압적으로 군림하기보다는 부하 직원들이 리더에 대하여 신뢰를 가질 수 있도록 행동한다.

(2) 봉사적 리더십

리더를 사장이나 대표 이사 같은 높은 직급의 사람이 아니라 어떠한 위험이라도 기꺼이 감수할 사람, 하인처럼 봉사하겠다는 마음을 가진 사람, 규칙에만 얽매이는 행정가가 아니라 창조적이고 베풀 줄 아는 사람, 자기 말만 하는 사람이 아니라 남의 말을 경청할 할 줄 아는 사람이 봉사적 리더십을 갖춘 사람이라고 할 수 있다. 봉사자로서의 리더는 사람들의 각기 다른 특성이 조직을 강화시켜 준다는 것을 알고 있으므로 조직 내 다양성을 장려할 줄 아는 사람이다. 그들은 차이점을 수용하는 법을 배우고 다양한 사람들이 전체 속의 일부로서 조직을 위해 기여할 수 있는 환경을 제공하려고 노력한다. 혼자로서의 개인이 기여할 수 있는 바는 그가 전체의 한 구성원으로서 기여할 수 있는 것보다 훨씬 적다. 따라서 봉사자로서의 리더들은 직원들이 협력해서 일하며, 함께 배우고 발전해 나갈 수 있는 환경을 제공해야 한다. 봉사적인 리더십을 지닌 리더를 만나기는 쉽지 않으며, 21세기에는 권위적인 리더보다 이런 봉사적인 리더십을 가진 사람들을 더욱 필요로 한다.

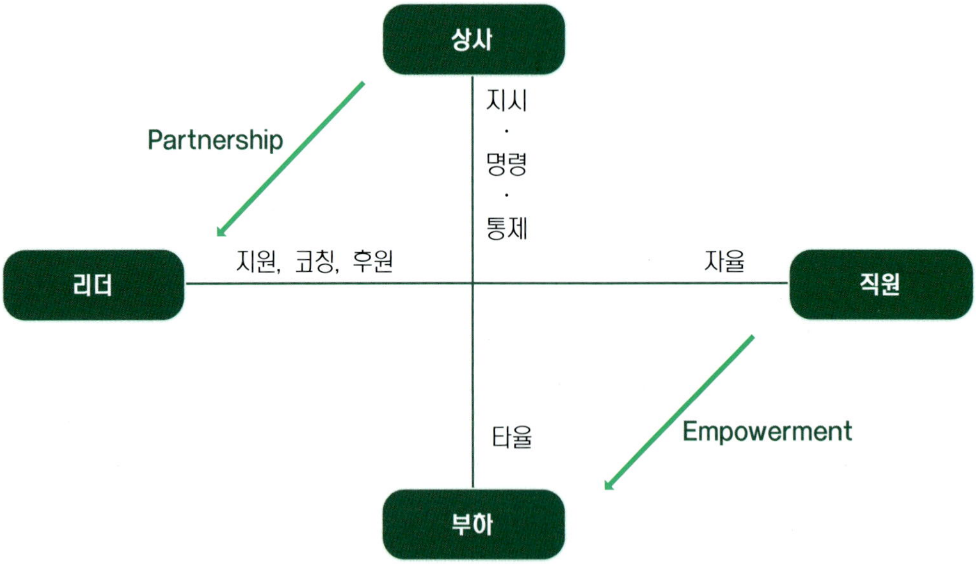

[그림 3-4] 환경변화와 새로운 리더십

21세기를 이끌 경영기법 : 전략적 리더십 (Strategic Leadership)

현대와 같은 불확실한 환경에서는 최고경영자(CEO)의 의사결정이 기업의 흥망을 좌우한다. 이에 따라 최고경영자의 리더십에 대한 관심이 점점 커지고 있다. 이미 미국에서는 기업의 최고 경영자들을 중심으로 "전략적 리더십 포럼"을 결성하여 지식 시대에 걸맞는 새로운 리더십 패러다임을 모색해 왔다. 포럼의 명칭에서 유추해 볼 수 있듯이 전략적 리더십은 CEO를 위한 21세기의 새로운 리더십으로 자리를 굳혀가고 있다.

전략적 리더십은 1987년 미국의 경영학자인 Byrd에 의해 체계적으로 정의가 내려졌는데, 그에 따르면 전략적 리더십은 "미래를 예견하고, 비전을 만들고, 기업조직에 유연성을 유지시키며 또한 전략적 변화가 가능하도록 부하들을 임파워먼트 시킬 수 있는 능력" 이다. 텍사스 A&M 대학교수인 Hitt와 그의 동료들은 기업의 전략적 방향 제시, 핵심 역량 개발 및 유지, 인적 자원 개발, 유효한 기업 문화 유지, 윤리적 경영 및 전략적 통제의 확립 등으로 구성된 전략적 리더십 모델을 제시하였다. 이상과 같은 전략적 리더십의 구성요소들은 모두 매우 중요한 21세기의 기업의 성공 요건이라고 할 수 있으므로, 기업의 최고 경영자들은 전략적 리더십을 제고시키기 위한 노력을 해야 할 것이다.

4) 미용 경영자의 리더십

(1) 미용 경영자의 역할

- 미용 기업의 주변 상권 파악 능력
- 특성화된 교육으로 직원의 인성함양과 직원들의 능력을 최대한 발휘하게 하는 능력
- 고객들의 심리파악 능력
- 미용 기업에 필요한 인적, 물적 자원 확보와 적재적소 배치 능력
- 수입과 지출의 이익관리 능력
- 고객의 변화 흐름을 파악하고 조직을 리드하는 능력
- 고객과 종업원이 만족하는 미용 기업 시설 설비를 완비할 수 있는 능력
- 이익관리를 능률적으로 하여 자산가치를 높일 수 있는 능력

(2) 미용 경영자의 10가지 리더십

미용은 인간과 인간이 만남으로 이루어지는 인간 관계의 업종이다. 비교적 좁은 장소에서 온종일 사람과 사람이 함께 있지 않으면 업무가 성립되지 않는 직종이다. 따라서 사람과 사람 사이의 가깝고 친밀한 의존 관계가 일의 능률을 가져온다. 서로의 신뢰 관계가 견고하게 구축되지 않으면 일하는 과정이 불편할 수밖에 없다. 인간관계가 나쁘게 되면 순식간에 미용실 조직이 무너지고 마는 사실을 미용 경영자들은 경험해 본 적이 있을 것이다.

미용 경영자는 솔선 수범하는 리더십이 가장 중요하다. "리더십이란 조직이 나아갈 방향을 설정하고 조직원의 목표 지향적 과업 활동을 촉진시켜서 조직원을 잘 이끌어 나감으로써 조직을 발전시켜나가는 과정이다"고 정의할 수 있다. 따라서 리더십은 리더의 비전을 구성원들에게 이해시키고 비전과 목표에 헌신하게끔 솔선수범하는 것이 가장 효과적이다. 다른 사람에게 무엇인가를 하게 하려면 먼저 자신이 앞장서서 행하는 자세가 바람직하다. 리더십을 발휘하기 위해서는 직원들이 당신을 리더로서 인정하고 바라보는 마음이 선행되지 않으면 안 된다.

뷰티 서비스 업장을 오픈하여 함께 일하게 된 직원에게 "내가 오너이므로 나의 지시에 따르는 것이 당연하다"고 생각할는지 모른다. 이것은 입장은 당연한 것이다. 그러나 실제로 리더십은 입장이나 직위만으로는 발휘할 수 없다. 리더로서 존경받아야 할 직위에 있어도 표면상은 따르는 것 같지만 실제로는 무시당하는 경우가 많을 것이다.

앞에서는 복종하여도 뒤에서는 불복한다. 그러는 가운데 차차 앞에서 조차 따르지 않게 되어간다. 알다시피 지금의 젊은이들은 참을성이 부족하다. 리더가 올바른지 그른지 기다려 주지 않는다. 리더가 조금이라도 잘못하면 곧 무시해 버린다. 그들은 알기 쉽게 지시하기를 바라고 공명정대함을 원한다. 경영자가 리더십을 발휘하여 직원들의 능력을 최대한 끌어내고 고객에게 사랑받는 뷰티 서비스 업장 분위기를 만들기 위해서는 우선 경영자가 자신의 리더십 수준에 대하여 다음과 같은 사항을 수시로 체크 할 필요가 있다.

뷰티 서비스에서 경영은 한 마디로 말해 '사람의 관리', 즉 인사관리가 최대의 포인트라 할 수 있다. 인사관리에 있어서 중요한 것은 경영자의 리더십이다. 이러한 리더십은 조직의 환경이나 규모에 따라 발휘하는 방법이 다르다. 다음에서 규모의 크고 작음에 관계없이 미용실 경영에 필요한 공통적인 리더십에 대해서 살펴보고자 한다.

① 경영철학이 있는가?

'무엇 때문에 미용실을 경영하는가?' 라는 근본적인 질문에 답변할 수 있어야 한다. 이것을 그 뷰티 서비스 업장의 개념(concept)이라고 해도 좋다. 뷰티 서비스 업장이 존속해야 하는 의미를 명확하게 정의하는 것이다. 고객에 대해서, 지역사회에 대해서, 직원들에 대해서 도움이 되는 미용실을 어떻게 만들 것인가? 경영자는 이것을 한시라도 망각해서는 안 된다. 기업은 이윤 추구만을 목적으로 하지 않는다. 사회적인 목적, 자아실현의 목적 등으로 미용실의 존재 이유를 확대할 필요가 있다. 경영 이념이 없이는 직원들에게 비전을 확실히 제시할 수 없는 것이다.

위뷰티 경영이념

위뷰티 소개

Webeauty Management Philosophy

위뷰티는 30년간 차별화된 경영노하우, 국립교육과정의 체계적인 석, 박사과정의 교육과 100% 임상, 최상의 서비스와 최대의 효과를 자랑합니다.

최고의 위뷰티는 꿈과 열정이 있는 위뷰티 가족 한분 한분의 땀과 목표로 만들어집니다.
여러분 모두 주인이 되어 내가 꿈꾸는 미래 그 꿈을 위한 열정을 꺼내어 성장할 수 있는 위뷰티에서 꿈과 목표를 이루어 보세요!

※출처: 주식회사 위뷰티(https://www.webeauty.co.kr/bbs/content.php?co_id=sub1_1_3)

② 미래를 명확히 그리고 있는가?

직원들은 항상 미래의 자신을 바라보고 있다. 결코 뷰티 서비스 업장의 장래를 염려하고 있는 것은 아니다. 이곳 미용실에 머무는 것이 나의 미래에 있어서 최상의 선택인가? 라고 생각하고 있다. 명확하게 의식하지 않는다고 해도 잠재적으로 그렇게 생각하고 있다. 자신의 미래에 합당한 미용실이라고 확신하면 그들은 분발한다. 경영자가 장래를 언급하지 않으면 직원은 쓸데없는 걱정을 하며 일에 몰입하지 않는다.

③ 강점과 약점을 잘 알고 있는가?

리더가 완전 무결할 필요가 없다. 누구도 그러한 것을 요구하지 않는다. 경영자와 직원은 기본적으로는 파트너십일 뿐이다. 서로가 도와주는 관계이다. 리더는 자신의 강점과 약점을 충분히 파악하여 두는 것이 중요하다. 강점으로 리드하고 약점은 직원에게 커버하도록 한다. 서로가 도움을 준다는 전제일 때이다. 직원은 경영자에게 의뢰를 받는 것에 의해 스스로의 존재가치를 실감한다. 약점을 감추지 않는 경영자의 자세를 오히려 신뢰한다.

④ 스스로 판단할 수 있는가?

뷰티 서비스 업계는 어느 특정의 붐에 끌려가는 경향이 강하다. 유행을 빨리 포착해야 하는 속성상 어느 정도는 부득이 하지만 정도의 문제다. 자신의 고객과 지역 사회를 재빨리 살펴보기 바란다. "지금 무엇이 요구되고 있는가?"를 추구하기 바란다. 주위에 혹하지 않고 경영자가 스스로 판단하고 결단을 하는 마음가짐이 중요하다. 주위의 소리를 참고하는 것은 필요하지만 최종적으로는 경영자 스스로가 "단지 1인으로서 고독한 결단"을 하는 것이라고 염두에 두자.

⑤ 타겟 고객의 테마는 갖고 있는가?

뷰티 서비스 업계의 과당경쟁은 극심하다. 이 가운데서 생존하기 위해서는 힘과 기술이 필요하다. 힘은 '같은 지역에서 승부하여 지지 않는 체력'이고 기술은 '다른 곳과 유사하지 않는 독자의 영역'을 갖는 것을 말한다. 독립 당시부터 힘을 비축하고 있는 뷰티 서비스 업장은 많지 않다. 그러므로 처음부터 승부를 하게 되면 대규모 미용실을 이기기 어렵다. 서투르게 경쟁하다 가는 회복하지 못할 정도로 손상을 받을 수도 있다. 소규모 뷰티 서비스 업장이 승리하기 위해서는 타겟 고객의 영역을 갖는 것이다. 그것을 '틈새(niche)전략'이라고 한다. 대형 업장이 들어가지 않는 틈새시장은 생각보다 많은 장점이 있다.

⑥ 직원의 소리를 듣는가?

리더십의 기본은 커뮤니케이션이다. 커뮤니케이션의 가장 좋은 수단은 대화이다. 진심의 대화가 가능한 환경을 만드는 것이 중요하다. 경영자의 안색을 살펴가면서 말을 골라서 하는 직원이 있다. 그는 결코 마음이 안정되어 있지 못하다. 무엇을 말해도 괜찮다, 경영자는 받아들인다. 그러한 신뢰 관계를 만들기 바란다. 제멋대로 놔두면 조직이 유지될 수 없다고 염려하는 경영자가 있다. 그러나 그런 사고방식은 대부분 틀리다. 신뢰 관계가 있는 조직은 자유롭게 말하는 분위기이지만 결코 무책임하게 아무렇게나 말하고 있는 것은 아니다. 서로가 좋고 도움이 되기 위한 진심의 커뮤니케이션인 것이다.

⑦ 꿈과 희망을 파악하고 있는가?

동기부여의 포인트는 종업원 개개인의 꿈과 희망에 '어떻게 결부되어 있는가?' 이다. 자신의 꿈을 실현하기 위한다고 생각하면 밤중을 마다 하지 않고 스스로 트레이닝에 전력한다. 그렇지 않으면 한 순간도 숙련도를 높이기 위한 연습을 하지 않는다. 직원과 많은 대화를 통해 당신의 뷰티 서비스 업장을 향한 열띤 생각을 언급하기 바란다. 당신의 꿈과 직원의 꿈이 공감할 때 최강의 팀이 태어난다.

⑧ 성과를 배분하고 있는가?

뷰티 서비스 업장의 업무는 결국은 기술의 세계다. 그것은 실력을 말한다. 연령이나 경력, 근속연수는 기본적으로 관계없다. 뷰티 서비스 업장에 연공서열은 어울리지 않는다. 예전과 달리 지금은 임금제도를 성과급 제도로 고치고 있는 업장들은 많이 늘어가고 있다. 그러나 아직도 성과급 제도가 정착하지 못한 업장들은 막상 교체하려면 여러 가지 문제가 생긴다. 성과급은 실력주의의 임금 형태로 고참 직원의 급여는 내려가지 않을 수 없다. 대신 업무를 척척 처리해 나가는 젊은 전문가의 급여는 실력대로 평가되어 올라 간다. 이러한 급여제도에 대하여 저항도 만만치 않아 오랜 관습에 젖어서 망설이는 경영자도 많다. 임금제도의 변경을 위해서는 채용하는 단계에서부터 '보수는 성과배분'이라고 결정하는 결단이 필요하다.

⑨ 상담할 상대가 있는가?

경영자는 고독하게 결단을 내릴 각오가 필요하다. 그렇기 때문에 자신의 판단이나 사고방식에 편견이나 과오가 없는가, 객관적으로 체크할 기능이 필요하다. 당신에게 기탄 없이 의견을 진술할 가족이나 친지가 있는가? 판단의 왜곡에 빠지지 않기 위해서는 많은 '타인의 눈'으로 보는 것이 중요하다. 자기 자신을 객관적으로 보는 겸허함을 잊지 않도록 하여야 할 것이다.

⑩ 다른 업종과 교류하는가?

뷰티 서비스 업계만으로는 발전이 없다. 융복합 산업이 키워드로 등장한 시대이다. 점점 타 업계의 사람이나 다른 세계의 사람들과 접근하는 것이 바람직하다. 뷰티 서비스 업계의 상식이 타 업계의 비상식인 것이 많다. 나 자신의 아집보다는 발전한 다른 분야에서 배워야 할 부분은 확실히 받아들이고 배우는 게 좋다.

3) 미용의 경영자와 관리자

관리자의 중요성을 그동안 강조해 왔는데 좋은 관리자를 두고 있는 것은 그만큼 경영자에게는 복이다. 내가 없어도 내 업장을 원만하게 이끌어 갈 수 있는 관리자는 이 시대 뷰티 서비스 업장의 경영자, 즉 원장이라면 꼭 필요한 부분이기도 하다. 다만 알아야 할 것은 좋은 관리자는 좋은 경영자가 있기에 출현 된다는 것이다. 윗사람으로서, 리더로서 갖춰야 할 것은 갖추지 못하고 그저 좋은 관리자만을 원하는 경영자도 많다.

아랫 사람을 거느리고 지도하는 리더의 입장에서는 먼저 자신을 갈고 닦아야 함은 물론이고 모범적이어야 하는데 타의 모범이 된다는 것, 그렇게 쉬운 일은 아닐 것이다. 미용계의 환경이 열악하다는 현실 속에서도 중요한 것은 변화하고 있다는 것이다.

언제부터인가 조직과 체계를 갖추려 하고, 세무와 결산에도 관심을 높이고, 노동법을 따지기도 하고, 경영 아카데미에 가서 경영학을 배우기도 한다. 제법 경영의 틀을 갖춘 미용실들이 속속 나타나고 있고, 교육을 통하여, 제휴를 통하여 더 큰 발전을 도모하고 있다. 과거에는 다 같이 주먹구구식으로 운영을 하였지만 변화를 추구하는 미용인들은 성공과 도약의 길에 참여하게 되었다.

직원들도 마찬가지로 처음 입사 시에는 능력별로 차이가 있게 마련이다. 기술은 도토리 키 재기였지만 근무를 하면서 태도와 접객 서비스, 인성, 표정 관리, 직원 간의 화합, 지시 사항 이행 정도, 애사심, 미용에 대한 자부심, 리더십, 교육에 대한 열의 등을 평가하다 보면 차이가 나기도 한다. 처음부터 잘하는 직원을 인재라고 할 지 모른다. 그러나 그보다도 변화하는 직원을 더 높게 평가해야 한다. 처음에는 조금 부족하지만 변화하려고 노력하고 변화가 있는 그 모습이 더 높게 평가될 만하다는 이야기이다. 이제 좋은 관리자, 좋은 직원을 갖춘다는 것은 미용 경영자의 입장에서는 필수조건이다. 그 조건을 갖추지 않고는 경영에 성공하는 데에는 몇 배의 시간과 노력이 들게 된다.

그런데 좋은 관리자로서의 능력을 갖춘 직원이 있어도 내 곁에 있지 않고 떠나간다면 그것은 그림의 떡이다. 좋은 파트너 감도 경영자 스스로가 밀어낼 때가 많은데 어느 때 관리자가 힘들어할까? 그것을 파악해보고 내 모습에서 그러한 면이 있다면 변화시켜야 한다.

원장님! 고충을 들어주세요!

- 다른 직원의 말만 듣고는 갑자기 화를 낸다. 자초지종도 묻지 않고...
  "이번 일을 처리한 게 김점장이야? 부점장이 그러던 데 큰일 날 일을 했잖아! 그래서 어디 믿고 하겠어?"
  나보다도 다른 직원을 더 신뢰하는가? 그렇다면 관리자를 바꾸시던가. 의욕이 없어지네.

- 고의적으로 무관심하게 대 한다. "오셨어요?"하고 인사를 하는데도 쳐다 도 안 보신다. 아예 말씀도 없으시고... 외부에서 전화를 하여도 카운터 담당자나 다른 직원과 통화하고는 끊어 버린다.
  왕따 시키나? 나가라는 이야기인지...

- 모든 책임을 나에게 몰아간다. 직원들이 그만 둘 때나, 클레임이 생겨 고객과의 갈등이 심해질 경우, 매출이 떨어지거나 할 경우면 "도대체 뭐 하는 거야? 미용실을 말아먹으려고 해?"
  직책은 있겠다 변명도 하지 못하고 마음만 아프다.

- 부하직원들을 통하여 전달을 한다. 나는 모르고 있는 일들을 비슷한 위치에 있는 직원이 이야기할 때 = 내가 관리자 맞아? 반문하게 된다. 업무창구를 단일화 할 필요가 있다.
  - 시간이 촉박하게 일거리를 내 놓는다. "조점장! 주변 상가현황과 경쟁업소 현황에 대한 보고서를 내일까지 올려 줘. 정확하게 해 야 돼!"

  내가 컴퓨터인가? 오늘 저녁 귀중한 약속도 있는데. 미리 주면 안되나? 갑자기 해달라니....

- 직원 앞에서 무안을 준다. 직원들과 식사 후 차 한잔 마시며 담소를 하는데 들어오셔서 한 번 둘러보고는 불쑥 내 뱉는 한마디, "점검할게 산더미 같은데 노닥거리고 있기나 하고, 쯧쯧.. 그러고도 점장이라는 건지..."
  내 가슴에 굵은 못이 박힌다. 야단 칠 일은 은밀한 곳에서 할 것이지. 에이~

- 고객 앞에서 무안을 준다. 한참 고객에게 시술을 하고 있는데 "아니! 김실장! 일을 어떻게 처리하는 거야?"하고는 문제된 서류를 불쑥 내 미신다.
  능력 없는 직원이군! 하는 고객의 무언의 표정이 내 가슴을 짓누른다.

- 기술을 얕보는 표현을 한다. "조금 스타일을 뽑기는 하는데 아직 멀었지. 마무리가 완벽하지 않

아. 더 배워야 해!" ?칭찬에 인색하다. 정말 직원들이 힘을 모아서 어렵게 한 일이었는데도 "수고했다."라는 말 한마디 없다.

■ 직원들이 상사에게 가장 듣고 싶은 말

1위 "수고했어! 정말 잘했어!"(37%)

2위 "역시 당신이야."(25%)

3위 "요즘 많이 힘들지?"(15%)

■ 직원들이 상사에게 가장 듣기 싫은 말

1위 "그런 것도 못해!"

2위 "빨리 빨리"

3위 "그럴 줄 알았어!"

4위 "이걸 일이라고 했나?"

원장님! 고충을 들어주세요!

- 생색이 심하다. 조금이라도 혜택이라고 생각이 되면 "사실 해 줄 상황이 아닌데 특별히 해 주는 거야. 고마워 해야 돼. 알았어?"

  차라리 혜택을 받고 싶지가 않다.

- 사생활을 너무 몰라준다. 집안에 무슨 일이 있어도, 개인적인 고민이 있어도, 축하할 일이나 슬퍼할 일이 있어도 아무 관심이 없다.

  그저 나는 일만 해 주는 직원일 뿐이다. 그만 두든 말든 전혀 개의치 않을 것 같다.

  나는 뭐란 말인가? 이렇게 나를 대하는데 믿고 가야 하나?

- 화가 나면 바라보는 눈초리가 무서울 정도이다. 꾹 다문 입, 매서운 눈초리가 더 답답하다.

  차라리 야단을 치지. ?거래처(재료상) 직원이나 다른 미용인들에게 흉을 본다. 맥이 풀리고 자신이 없어진다.

사람은 사소한 일에 상처를 입는다. 과연 관리자를 파트너로 생각하고 있는가? 단지 나의 일을 도와주는 직원일 뿐인가? 아니면 내 것을 나눠주고 싶은 진정한 파트너로 인정하고 있는가? 결국은 나의 모든 것을 파트너에게 믿고 맡기는 것이다. 과연 우리 미용실의 관리자에게 그러한 마음을 갖고 있는가? 혹시 배반하고 직원들을 이끌고 나가지는 않을까? 라는 걱정을 하고 있지는 않는가? 경영자는 모든 직원들과 파트너십을 가지고 있어야 한다. 좋은 관리자 감을 많이, 많이 배출해야 한다. 더불어 나를 대신하여 일을 처리하는 대리인이기도 한 관리자에게 신뢰와 믿음을 주고 위상을 높여줄 필요가 있다.

6. 신뢰 경영

1) 신뢰 경영이란?

신뢰 경영이란 기업 내부 구성원들의 신뢰 관계를 중시하는 경영의 새로운 조류이다. 이는 조직원들 상호 간의 믿음이 전제되지 않고서는 미래 경영 환경에서 기업이 경쟁력을 발휘할 수 없을 것으로 전망된다. 세계 무대에서 경쟁하기에 앞서 자신의 회사부터 최고의 직장이 되어야 하고, 종업원들이 적극적으로 회사의 방침에 따르고 직무를 수행할 때 좋은 품질의 제품과 서비스를 창출해 낼 수 있다는 경영방식이다.

'신뢰'라는 개념은 심리학이나 사회학 등의 영역에서는 오래 전부터 연구되어 왔으나 경영학 분야에서는 비교적 최근에 관심을 보이고 있다. 경영학계나 기업에서 신뢰에 대해 관심을 가지는 이유는 조직 구성원간 또는 기업 간에 신뢰가 구축되었을 때 진정한 상호협력이 가능하기 때문이다.

신뢰 경영은 대내적 신뢰 경영과 대외적 신뢰 경영으로 구분된다. 먼저 대내적 신뢰 경영을 살펴보면, 오늘날과 같이 복잡한 경영 환경하에서는 한 개인이나 부서가 독자적으로 할 수 있는 일은 많지 않다. 그러므로 상호 간에 긴밀한 협력이 요구되며 이를 위해 '신뢰문화' 구축이 필요하다. 신뢰 문화는 기업 내에서 정직, 성실, 능력, 개방성, 일관성 등을 존중하는 조직문화이며, 경영자는 이러한 신뢰 문화를 뒷받침하는 평가 및 보상시스템을 도입해야 한다. 대외적인 신뢰 경영은 한 기업이 사회적 책임을 수행함으로써 가능하다. 기업의 사회적 책임에는 고객, 주주, 정부, 지역사회, 금융기관, 협력업체 등에 대해 신의와 성실로써 의무를 다하는 것을 말한다. 또한 최근에 각광을 받고 있는 전략적 제휴의 대상 기업에 대해서도 제휴 파트너로서의 책임을 다하는 것도 포함된다. 신뢰 경영을 할 때 기업의 이미지는 높아질 것이며, 그 결과 기업의 장기적인 생존과 발전이 가능해질 것이다.

왜 신뢰 경영인가?

피터 드러커가 주장했듯이 21세기는 시시각각으로 변화하는 정보와 지식을 활용하여 자기 일에 부가가치를 높이는 지식 근로자들이 주도하는 사회이다.

지식경제 시대에서 지식의 창출과 공유 및 재창출은 바로 사람에 의하여 이루어진다. 그래서 초일류기업은 사람을 가장 중요한 자산이라고 주장한다.

또한 이들 기업은 사람이야말로 경쟁력의 원천이라고 말한다. 초일류기업들은 사람들이 가장 중요한 자산으로 기능할 수 있도록 이들이 일하기에 가장 좋은 훌륭한 기업을 만들기 위하여 노력한다. 실제로 포천 1백대 기업에 속하는 퀀텀사의 최고 경영자는 3대 경영목표의 하나로 일하기에 탁월한 일터의 환경 구축을 들고 있다. 그렇듯이 우리 기업도 조직 구성원들이 가장 중요한 자산이라면, 이들이 일하기에 가장 좋은 환경을 만들기 위하여 노력하여야 한다. 이러한 노력의 가장 기초가 되는 것은 바로 상하간의 신뢰이다. 신뢰 없이 일하기에 가장 좋은 훌륭한 일터란 있을 수 없기 때문이다.

2) 신뢰 경영의 출현과 로버트 레버링(Robert Levering)

로버트 레버링은 미국 포천지가 매년 발표하는 "일하기 가장 좋은 포천 1백대 기업(100 Best Companies to Work for in America)"의 선정자로서, 기업의 신뢰도를 측정하는 레버링신뢰지수(Levering Trust Index) 개발하였다. 기업의 경영자라면 누구나 '어떻게 하면 훌륭한 일터를 만들 수 있을까','어떻게 하면 종업원들의 생산성을 높일 수 있을까'를 놓고 고민하게 마련이다. 신뢰 경영 역시 똑같은 문제 의식에서 출발한다. 훌륭한 일터, 강한 기업의 근본을 모색하는 과정에서 도출된 것이다.

레버링은 수 십년 동안 높은 경쟁력을 유지하는 수많은 기업들에 대한 현장 조사를 실시한 결과 이들 기업은 공통적으로 높은 내부 신뢰 수준을 보이고 있다는 사실을 발견했다고 한다. 그는 신뢰를 상하 간 신뢰, 동료 간 신뢰 그리고 일터에 대한 신뢰 등 세 가지 측면으로 세분화했다. 경쟁력 있는 기업들은 상하 간 신뢰가 돈독하며 동료들 간에 재미있게 일을 하고 자신의 업무나 회사에 대해 충만한 자부심을 가지고 있다는 것이다. 레버링은 신뢰를 높이는 일은 묘목에 물을 주듯이 정성을 들일 때 가능한 일이지 단순히 높은 임금을 제공하거나 긴 휴가를 허용한다고 해서 되는 것은 아니라고 역설했다.

인간의 심리적 사회적 측면을 고려하지 않은 테일러의 과학적 관리에 대한 비판이 일어나는 가운데 메이요는 종업원이 일하는 환경에 따라 작업 능률이 달라진다는 사실을 실험을 통해 입증했다. 이를 계기로 종업원들에게 다양한 동기를 부여하고 일하기 좋은 환경을 제공함으로써 생산성을 높여야 한다는 주장이 일반화됐다. 그 후로 종업원의 직무 동기 극대화 방법을 제시한 맥그리거의 'X이론 Y이론'이나 피터 드러커의 '전문경영인에 의한 체계적 목표관리' 등의 이론도 등장했다. 그러나 어느 누구도 기업 내부의 신뢰적 토대가 뒷받침되고 나서 생산성 향상을 끌어낼 수 있다는 점을 간파하지는 못했다.

신뢰 경영의 주창자인 로버트 레버링은 이렇게 주장한다. "테일러의 과학적 관리는 오로지 대량생산-단순작업에서만 힘을 발휘할 수 있는 낡은 이론이 됐다. 메이요의 동기부여는 신뢰의 토대가 없는 한 '조작된 착취'의 형태로 전락한다. 맥그리거의 Y이론도 신뢰의 배경이 있어야 하며 드러커의 전문경영인은 재무적 목표 달성을 위해 어떤 일이든 소화할 수 있는 허구의 슈퍼맨 같은 경영자이다"라고 역설했다. 이에 그는 기업 내부의 신뢰 관계가 경쟁력의 근원이라고 주장하였다.

로버트 레버링의 신뢰경영을 위한 3요소

로버트 레버링은 수십년 동안 높은 경쟁력을 유지하고 있는 수많은 기업들에 대한 현장조사를 실시한 결과 이들 기업이 공통적으로 높은 내부 신뢰수준을 보이고 있다는 사실을 발견하였다. 그 세가지 요소는 다음과 같다.

① 경영진과 구성원 간의 신뢰(credibility)
② 구성원들의 일에 대한 자긍심(pride)
③ 구성원간의 즐거운 관계(fun)

3) 한국 기업의 신뢰 경영

다수의 조직 구성원들이 자기 상사와 경영진을 신뢰하고, 자기가 하는 일에 자부심을 가지며, 나아가 함께 일하는 동료들 간에 일하는 재미가 넘쳐나는 곳이 있다면, 그러한 기업이 바로 일하기에 좋은 훌륭한 기업이다. 국내외 기업들 중에서 좋은 기업(Good Company)들은 많다. 보수가 높고, 복리후생 제도가 잘 되어 있는 기업들이 많다.

그러나 이처럼 월급을 받고 다니기에 좋은 회사라고 해서 모두가 일하기에 좋은 훌륭한 기업은 아니다. 실제로 일하기에 가장 좋은 포천 1백대 기업을 선정하는데 사용되고 있는 로버트 레버링의 신뢰 경영 지수를 국내 기업에 적용하여 보면 그 결과는 다음과 같다.

(1) 권위주의적 관리문화

포천 1백대 기업과 비교해 볼 때, 한국의 기업은 조직 구성원들과 이들의 상사 및 경영진과의 관계에서 신뢰 수준이 낮다. 마찬가지로 관리자와 임원을 인터뷰해 보면 자기 부하들을 믿는다고 하지만 부하들이 하는 일과 능력에 대한 신뢰가 낮다. 그렇기 때문에 팀제를 도입하고 결재단계를 축소해왔지만 대부분의 기업들이 여전히 지시 통제의 관리 패러다임에서 벗어나지 못하고 있다.

따라서 사원들의 조직에 대한 신뢰가 낮은 일터에서는 기꺼이 자기 시간을 할애하거나 노력을 아끼지 않는 몰입이나 헌신을 찾아보기 힘들다. 관리자와 임원이 맡고 있는 일의 영역이 넓기 때문에 평상시 업무추진 내용과 방법에 대한 대화, 코칭 및 피드백보다는 단순한 지시와 결과 챙기기가 주류를 이룬다. 지시와 통제를 중심으로 한 관리문화가 지속되는 한 조직 구성원들의 창의력과 도전정신은 기대하기 어렵다.

(2) 인간존중

인간존중과 관련한 신뢰 경영 지수를 살펴보면 한국 기업의 관리자와 임원들은 부드러운 말투 내지는 인간적인 대우를 떠올린다. 이것은 그 동안 지시 통제 문화에 익숙한 관리자와 임원들의 부하를 대하는 태도에 상당한 문제가 있었기 때문이다. 관료주의적 권위주의에 익숙한 관리자와 임원들은 시키면 시키는 대로 해야 한다는 권위주의적 사고를 해온 것이 사실이다. 상하간의 관계가 공감을 바탕으로 한 협력관계가 아니라, 일방적 지시와 일방적 수행 관계로 맺어져 있다면 상하간에 시너지 효과를 기대하기 어렵다.

그러나 포천 1백대 기업을 보면 상사는 부하에 대한 인격적 존중을 바탕으로 이들의 업무를 전문적으로 지원하고 협조한다. 또한 상사는 부하들에게 성장의 기회를 제공하면서 이들이 편안한 마음으로 일할 수 있는 분위기를 조성하는데 많은 노력을 하고 있다.

(3) 공정성

신뢰 경영 지수에서 상하 간의 신뢰를 측정하는 또 다른 범주는 공정성이다. 업무의 배분과 평가 및 인사 등에 관한 공정성을 측정함으로써 상하 간은 물론 개인과 조직 간의 신뢰를 측정하고 있다. 그러나 국내 기업의 경우 학연이나 지연에 의한 편애와 차별이 많이 나타나고 있으며, 특히 남녀 성별에 의한 차별은 매우 크다고 할 수 있다. 적어도 회사의 방침 자체는 차별을 금지하고 있어도 사원들은 업무현장에서 차별을 느끼는 것으로 나타나고 있다.

(4) 자부심

신뢰 경영 지수의 네번째 범주는 조직 구성원들이 자신의 일과 부서 및 조직에 대한 자부심을 측정하고 있다. 조직 구성원들이 자기 일에 대하여 자부심을 느끼고 있을 때, 자기 일에 몰입해서 조직에 기여하고자 하는 욕구가 높아질 수 있다. 한국의 기업의 구성원들은 대기업에 근무할수록 자기 조직에 대한 자부심은 높게 나타나지만, 자기 일에 대한 자부심은 낮은 것으로 나타난다. 이것은 보수가 좋고 복리후생이 잘되어 있으면 월급을 받고 다니기에 좋은 회사라고 생각하지만, 그렇다고 구성원들이 자기 일에 자부심을 느끼는 것이 아님을 보여준다. 한국 기업의 구성원들은 회사에 기여한다고 느끼고 있지만 자기 일에 대한 긍지는 낮은 것으로 나타나고 있다. 노사 간의 문제를 포함한 회사의 보상 및 복리후생 정책에 대한 불만도 사원들이 회사에 기여하고는 있지만 인사와 보상이 공정하다고 생각하지 않기 때문에 자기 일에 대한 불만이 높은 것으로 추측된다. 다른 측면에서 볼 때 이러한 문제는 열린 커뮤니케이션이 부족하기 때문에 상하 간에 일의 의미를 공유하지 못한 채 사원들은 일방적으로 일만 한다는 생각을 갖기 때문이다.

(5) 재미

신뢰 경영 지수의 다섯번째 범주는 함께 일하는 동료들 간의 관심과 배려 및 일하는 재미를 측정하고 있다. 포천 1백대 기업에서는 절대 다수의 구성원들이 함께 일하는 구성원들 간에 일하는 재미가 있다고 대답한 반면에 한국의 기업은 이 범주에서 점수가 매우 낮게 나타난다. 한국 기업은 구성원들 간의 관심과 배려 수준이 낮을 뿐만 아니라 자신의 일터를 친근감 넘치는 일터로 보고 있지 않다. 동료들 간에 공동체 의식도 포천 1백대 기업에 비하여 현저하게 낮다. 서구문화는 기본적으로 개인주의 문화에 토대를 두고 있다. 그럼에도 불구하고 기업에서 일하는 조직 구성원들 간의 공동체 의식이 높다.

그러나 한국은 개인보다도 '우리'라는 공통체 의식을 강조하는 문화임에도 불구하고 조직 구성원들 간의 공동체 의식이 낮게 나타난다. 결국 문화 자체가 공동체 의식을 바탕으로 한다고 해도 상하 간의 신뢰가 바탕이 되지 않으면, 공동체 의식을 강조하는 사회의 보편적인 특성이 구체적인 업무현장에서 공동체 의식으로 나타나지 않는다.

'좋은' 기업과 '뛰어난' 기업의 차이

좋은 기업과 뛰어난 기업의 구분이 명확해 진 것은 88년 〈위대한 일터 (A Great Place to Work)〉란 책을 저술하면서 부터이다. 신뢰지수는 이미 81년부터 매년 미국 전역에서 골고루 선발한 기업들을 대상으로 조사했다. 조사한 내용을 더욱 정교하게 하기 위해 과거 수년간 조사를 통해 진정으로 뛰어난 기업으로 밝혀진 기업 중 20개사를 추려 다시 방문했다. 이들 기업을 방문해 집중적으로 조사하면서 다시 한번 확인한 내용이 있다. 뛰어난 기업이 되기 위해서는 단지 높은 급여와 복리후생만으로는 부족하다는 사실이다.

실제로 1백대 우수기업으로 선정된 업체들이 복리후생과 급여를 제공하는 방법을 보면 아무런 공통점도 찾을 수 없다. 어떤 기업은 이익을 분배하지만 그렇지 않은 기업도 있다. 그런데 급여나 복리후생 대신 두드러지게 나타나는 유사한 점이 있다. 바로 직장 내에서 발전되는 인간관계의 질이다. 직장 내에서 형성되는 인간관계는 3가지 측면에서 볼 수 있다. 우선 경영진과 종업원 사이의 관계다. 진정으로 뛰어난 직장에서는 상당히 높은 수준의 신뢰가 형성돼 있다.

둘째는 업무와 직원 사이의 관계다. 뛰어난 직장의 종업원들은 대단히 높은 수준의 긍지를 갖고 각자 맡은 업무를 처리한다. 끝으로 종업원들 사이의 관계가 있다. 뛰어난 직장에서는 종업원들 사이에 강력한 동료의식이 형성돼 있다.

참고문헌

· 4차산업시대의 신노사관계론 (강영순, 김동조) 청람 2019
· 경영관리론 (박영배) 청람 2018
· 경영학개론 (박영배, 김계수) 청람 2018
· 고객관계관리 제2판 (박찬욱, 이상종, 조아라) 청람 2019
· 고객만족을 위한 서비스 경영론 (임종만, 윤천성, 임은진, 정미영) 무역경영사 2003
· 고객만족을 위한 실천기법 (최종학, 김현주) 한올출판사 2002
· 고객의 영혼을 사로잡는 50가지 서비스기법 (안미헌) 기획출판 2002
· 기업경영 리더십 (이학희) 청람 2019
· 마케팅 액츄얼리 제2판 (김문태) 청람 2019
· 뷰티매니지먼트 (임은진, 조찬휘, 안경민, 하준호, 하명희) 청람 2011
· 뷰티산업과 살롱경영 (윤천성, 최은집, 박영숙) 훈민사 2004
· 뷰티산업의 현상과 성공전략 (심상민, 최순화) 삼성경제연구소 2002
· 뷰티살롱 경영관리 (김종근, 윤천성, 김새한별) 리그라인 2003
· 사회속의 기업 기업속의 사회 (양성국) 청람 2004
· 생활지도와 상담 (윤운성, 김홍운) 양서원 2001
· 서비스마케팅 (이명식) 형설출판사 2001
· 서비스경영론 (임종만, 윤천성, 임은진, 정미영) 무역경영사 2003
· 서비스경영철학 (원융희, 김상희) 도서출판 두남 2001
· 소셜네트워크분석 제2판 (곽기영) 청람 2017
· 신인사관리론 (이원우) 삼영사 2004
· 신인적자원관리론 (임종만, 윤천성) 서경대학교 출판부 2003
· 유능한 카운슬러, 성공하는 카운슬링 (유진케네디 지음 이일남 옮김) 인간사랑 2001
· 인간관계론 (임종만, 이성혜, 구현서) 청목출판사 2000
· 인간관계론 (유기현) 무역경영사 2002
· 인간관계의 이해 (임종만, 윤천성) 청람 2004
· 인간관계의 이해와 실천 (최애경) 무역경영사 2002
· 인간자원개발관리 (정수진, 오장원, 고종식, 방한오) 삼우사 2003
· 초우량기업 인사관리 (KPI 한국 인사관리협회) 한국 인사관리협회 2003

- 카운슬링의 실제 (이수연) 홍익출판사 2002
- 카운슬링 기술의 실제 (이수연) 홍익출판사 2001
- 현대경영학개론 (김종성, 김영, 유성용) 청람 2019
- 현대사회와 기업경영 (송균석, 양성) 무역경영사 2003
- HARVARD BUSINESS REVIEW FINDING AND KEEPING THE BEST PEOPLE, Harvard Business School Publishing Corporation, 1994, 2000, 2001
- Wendell L. French, Human Resources ManageMent,, Houghton Mifflin Company, 2003
- Kevin B Lowe, John Milliman De Cieri, Peter J Dowling. International Compensation Practices: A Ten Comparative Analysis. Human Resource Management, 2002, Spring
- Leslie A. Westherly. 2003. The value If people: The challenges & opportunites of human capital measurement & reporting. HR Magazine
- 日本勞 省 勞動白書, 1999

저자약력

임은진

- 유원대학교 뷰티케어학과 교수
- 대한미용학회 회장

이상욱

- 강남대학교 융복합대학원 국제뷰티서비스학과 교수

권오혁

- 한성대학교 뷰티디자인매니지먼트학과 교수
- 한국미용학회 헤어분과 부위원장

지정훈

- 동명대학교 뷰티케어학과 교수

김윤정

- 명지전문대학 뷰티매니지먼트과 교수

안경민

- 삼육보건대학교 뷰티융합과 뷰티헤어전공 학과장
- 학국뷰티경영학회 부회장

New

BEAUTY MANAGEMENT

뉴 미용경영관리

2020년 8월 26일 (1판 1쇄 인쇄) / 2020년 9월 1일 (1판 1쇄 발행)

임은진 · 이상욱 · 권오혁 · 지정훈 · 김윤정 · 안경민

펴낸이. 고범석 | 펴낸곳. 가담플러스. 서울시 마포구 동교로 144-7 영일빌딩
등록. 2014년 3월 18일 제 2014-000094호
E-mail. gadambooks@naver.com
www.gadamplus.com

ISBN 979-11-86447-39-0 93320 가격 **22,000**원